普通高等教育人工智能与大数据系列教材

Python 3 程序设计实例教程

主编　沈涵飞　刘　正
参编　陈雪勤　叶　刚

机械工业出版社

本书全面地介绍了 Python 程序设计的核心技能，以及 Python 在数据分析、人工智能等领域的应用。全书共 15 章，分为三大部分：①Python 核心技能，包括初识 Python、程序设计入门、流程控制、字符串、组合数据类型、函数、文件操作 7 章；②数据分析技能，包括正则表达式、爬虫入门、科学计算入门之 NumPy、数据分析入门之 Pandas、数据可视化入门 5 章；③人工智能初步，包括面向对象程序设计、机器学习入门、深度学习入门 3 章。

本书图文并茂、示例丰富，以"任务驱动"的方式在实际应用中讲解 Python 的要点，并且将程序设计在线评测系统引入了教学，让读者及时评估自己的水平。本书配有丰富的学习资源，包括视频、PPT、速查表、电子教案、习题、习题解析等，读者可以登录机械工业出版社教育服务网（http://www.cmpedu.com）免费下载。

本书可以作为应用型本科计算机、人工智能、大数据相关专业的教材，也可以作为 Python 程序设计、数据分析、人工智能入门的培训教材，还可以作为广大程序设计爱好者的自学参考书。

图书在版编目（CIP）数据

Python3 程序设计实例教程/沈涵飞，刘正主编. —北京：机械工业出版社，2020.12（2022.6 重印）

普通高等教育人工智能与大数据系列教材

ISBN 978-7-111-67352-1

Ⅰ. ①P⋯　Ⅱ. ①沈⋯　②刘⋯　Ⅲ. ①软件工具 – 程序设计 – 高等学校 – 教材　Ⅳ. ①TP311.561

中国版本图书馆 CIP 数据核字（2021）第 017663 号

机械工业出版社（北京市百万庄大街 22 号　邮政编码 100037）
策划编辑：王玉鑫　责任编辑：王玉鑫　张翠翠
责任校对：王　欣　封面设计：张　静
责任印制：郜　敏
北京富资园科技发展有限公司印刷
2022 年 6 月第 1 版第 2 次印刷
184mm×260mm·15 印张·368 千字
标准书号：ISBN 978-7-111-67352-1
定价：39.80 元

电话服务　　　　　　　　　　网络服务
客服电话：010-88361066　　　机　工　官　网：www.cmpbook.com
　　　　　010-88379833　　　机　工　官　博：weibo.com/cmp1952
　　　　　010-68326294　　　金　书　网：www.golden-book.com
封底无防伪标均为盗版　　机工教育服务网：www.cmpedu.com

前　言

随着人工智能时代的来临，Python 语言越来越受到程序开发人员的喜欢，因为其不仅简单易学，而且还具有丰富的第三方库。Python 是通用的程序设计语言，可以用在几乎任何领域和场合。Python 程序设计课程已成为数据科学、人工智能、机器学习以及相关专业的必修课程。著名数据科学网站 KDnuggets 的研究显示，Python 已于 2017 年超越 R 语言成为数据科学领域最受欢迎的语言。

本书的特点如下：

（1）采用了"任务驱动"的编写模式，全书大部分章节紧扣任务需求展开，不堆积知识点，引导读者在任务中掌握 Python 的要点。

（2）采用了对比的方式帮助读者入门。对于 Python 的核心知识，通过与 C 语言的对比来帮助读者更快理解；在数据分析部分，通过 Excel 和 Pandas 的对比来掌握核心步骤。

（3）配套网站的 C、C++、Python 程序自动评测系统提供了大量适合初学者的程序编程练习。由于 Python 具有优雅的语法和强大的内置数据结构（列表和字典），因此绝大部分题目仅需 3～5 行代码。

（4）利用互联网资源来优化学习体验。本书介绍了在云端 Jupyter Notebook（如米筐、聚宽等）中运行 Python 程序的方法，大大简化了 Python 环境的安装步骤。本书还介绍了正则表达式交互式学习网站，学生可以在网站通过闯关练习来熟练掌握正则表达式。

Python 的核心内容有导入库和函数、序列的索引和切片、切分和合并字符串、列表生成式、匿名函数 lambda。本书通过在目录中添加 ★ 来强调上述内容。

写一本书不容易，写一本好书更不容易，虽然编者把写　本好书作为目标，但书中难免有不足之处，恳请读者批评和指正。相关意见和建议可发至电子邮箱 shenhf@siso.edu.cn。

编　者

目　　录

第 1 章　初识 Python

带着以下问题学习本章。

- Python 在设计时受到哪两种语言的启发？
- 为何 Python 被称为胶水语言？
- 使用云端开发环境有什么优势？
- 什么是 Jupyter Notebook？
- Python 3 兼容 Python 2 吗？

Python 被广泛应用于科学计算、Web 开发、爬虫、数据挖掘、自然语言处理、机器学习和人工智能等领域。Python 的语法简洁易读，这让许多编程初学者不再望而却步。

1.1　Python 语言概述

Python 是面向对象的解释型语言，具有丰富和强大的库。由于其具备简单易学、免费开源、可移植性强、丰富的库等众多特性，因此从众多的编程语言中脱颖而出。

1.1.1　Python 简史

Python 的发明者吉多·范罗苏姆（Guido von Rossum）是荷兰人，如图 1-1 所示。1982 年，吉多从阿姆斯特丹大学获得了数学和计算机硕士学位。1989 年，为了打发圣诞节假期，吉多开始写 Python 的编译器。1991 年，第一个 Python 编译器诞生，它用 C 语言实现，并能够调用 C 语言的库文件。Python 的语法很多来自 C 语言，但又受 ABC 语言的强烈影响。

图 1-1　Python 的发明者吉多·范罗苏姆

Python 诞生时恰逢计算机硬件性能急速提高。由于计算机性能的提高，软件世界也开始随之改变，语言的易用性被提到一个新的高度。

当时，另一个悄然发生的改变是互联网的兴起。互联网让信息交流成本大幅下降，一种新的软件开发模式开始流行——开源。程序员利用业余时间进行软件开发，并开放源代码。1991 年，Linus 发布了 Linux 内核源代码，吸引了大批程序爱好者的加入。Linux 和 GNU（一个类似 UNIX 的操作系统）相互合作，最终形成了一个充满活力的开源平台。

硬件性能不再是瓶颈，Python 又易于使用，所以许多人开始转向 Python。Python 用户来自许多领域，有不同的背景，对 Python 也有不同的需求。Python 相当开放，所以当用户不满足于现有功能时，能够很容易地对 Python 进行拓展或改造。

Python 语言以对象为核心组织代码，支持多种编程范式，采用动态类型，自动进行内存回收。Python 支持解释运行，并能调用 C 语言库进行拓展。Python 有强大的标准库。由于标准库的体系已经稳定，所以 Python 的生态系统开始拓展到第三方包，如 Django、Flask、Numpy、Pandas、Matplotlib、PIL 等。

1.1.2　Python 2 和 Python 3

目前使用非常广泛的版本是 Python 3.5，截止到 2020 年年底，最新的版本是 Python 3.9.0。

Python 2.0 于 2000 年 10 月 16 日发布，其主要实现了完整的垃圾回收，并且支持 Unicode。

Python 3.0 于 2008 年 12 月 3 日发布，此版本不兼容 Python 2 源代码。

由于 Python 3 不兼容 Python 2，因而给初学者带来很多困惑。

很多初学者在网上看到的第一个 Python 程序是这样的：

```
print 'Hello World!'
```

但是在开发环境中运行代码，就会出现类似图 1-2 的错误。

```
In [1]: print 'Hello World!'
         File "<ipython-input-1-749b072d7804>", line 1
           print 'Hello World!'
                              ^
SyntaxError: Missing parentheses in call to 'print'
```

图 1-2　在 Python 3 环境下运行 Python 2 风格的 print 函数

这是由于上述代码基于 Python 2 版本，但实际运行环境是 Python 3，而 Python 3 不兼容 Python 2 导致了这个错误。

在 Linux 和 Mac 系统上都默认安装了 Python 2.7，在 Windows 系统上没有安装 Python。

大多数第三方库已转向支持 Python 3。即使无法立即使用 Python 3，第三方库也建议编写兼容 Python 3 的程序，然后使用 Python 2.7 来执行。

Python 官方会在 2020 年停止对 Python 2 的官方支持。另外，由于 Python 3 在 2008 年末推出，至今已经超过 10 年，非常成熟，因此建议初学者直接学习 Python 3，这样可以避开很多陷阱，减轻学习负担。

1.1.3　Python 的特点

Python 具有很多区别于其他语言的特点，这里仅列出部分主要特点。

1）语法简洁：实现相同功能时，Python 的代码行数仅相当于其他语言的 1/10～1/5。

2）类库丰富：Python 解释器提供了几百个内置类和函数库。由于 Python 倡导开源理念，世界各地的程序员通过开源社区贡献了十几万个第三方函数库，几乎覆盖了计算机技术的各个领域，因此编写 Python 程序可以大量利用已有的内置类或第三方代码，具备良好的编程生态。

3）平台无关：作为脚本语言，Python 程序可以不经修改地实现跨平台运行。

4）胶水语言：Python 具有优异的扩展性，体现在它可以集成 C、C++、Java 等语言编写的代码，通过接口和函数库等方式将这些代码"粘起来"（整合在一起）。此外，Python 本身提供了良好的语法和执行扩展接口，能够整合各类程序代码。

5）通用编程：Python 可用于编写各领域的应用程序。从科学计算、数据处理到网络安全、人工智能，Python 语言都能够发挥重要作用。

6）强制缩进：Python 语言通过强制缩进来体现语句间的逻辑关系，显著提高了程序的可读性。

7）模式多样：尽管 Python 解释器内部采用面向对象的方式实现，但 Python 却同时支持面向过程和面向对象两种编程方式，这为使用者提供了灵活的编程模式。

1.1.4　胶水语言

20 世纪 80 年代末至 90 年代中期，由于计算机硬件性能呈现指数级的上升，硬件资源在很多应用场合下已经不再是瓶颈，程序的开发效率受到了重视，解释性语言（如 Perl、Python 和 PHP）就在这个阶段应运而生。解释性语言在执行速度上远远不如 C、C++语言，但开发效率却能成倍提高。20 世纪 90 年代以来，互联网带来的信息爆炸往往要求开发者以极快的速度去开发系统，以更少的人力去实现相同的开发任务。在此背景下，Perl、Python 和 PHP 等解释性语言获得了广泛的应用。

硬件性能提高并不意味着程序的执行效率无关紧要。即使当今CPU 的处理速度很快，在一些应用领域，程序的执行速度也需要优化。例如数值计算和动画领域，常常要求其核心数值处理单元以 C 语言的速度（或更快）执行运算。如果在以上领域工作，通过分离一部分需要优化速度的应用，将其转换为编译好的扩展，并在整个系统中使用 Python 语言将这部分应用连接起来，这样就实现了开发效率和运行效率的兼顾。Python 也因此被称为"胶水语言"（Glue Language）。

1.1.5　Python 的应用

Python 的应用领域极其广泛，这里列出 Python 的八大主要应用领域。

（1）人工智能　Python 在人工智能领域内的机器学习、深度学习等方面都是主流编程语言。最流行的深度学习框架（如 Facebook 的 PyTorch 和 Google 的 TensorFlow）都采用了 Python 语言。

（2）科学计算与数据分析　随着 NumPy、SciPy、Matplotlib 等众多程序库的涌现和完善，Python 被广泛用于科学计算和数据分析。它不仅支持各种数学运算，还可以绘制高质量的二维和三维图像。与科学计算领域非常流行的商业软件 MATLAB 相比，Python 的应用范围更广泛。

（3）云计算　Python 的最强大之处在于模块化，而构建云计算平台的 IaaS 服务的 OpenStack 就是采用 Python 开发的。

（4）网络爬虫　爬虫的作用是从网络上获取有用的数据或信息，可以节省大量人工时间。能够编写网络爬虫的编程语言不少，但 Python 是其中的主流语言之一，requests 库和 Scrappy 框架让开发爬虫变得非常容易。

（5）Web 开发　PHP 依然是 Web 开发的流行语言，但 Python 的上升势头强劲。随着 Python 的 Web 开发框架（如 Django 和 Flask）逐渐成熟，开发人员可以快速地开发功能强大的 Web 应用。

（6）自动化运维　Python 是运维工程师首选的编程语言。在很多操作系统中，Python 是标准的系统组件。大多数 Linux 发行版和 Mac OS 都集成了 Python，可以在终端下直接运行 Python。Python 标准库中有多个调用操作系统功能的库。通过 pywin32 库，Python 能够访问 Windows 的 COM 服务及其他 Windows API。使用 IronPython，Python 程序能够直接调用.NetFramework。使用 Python 编写的系统管理脚本在可读性、性能、代码重用度、扩展性几方面都优于普通的 Shell 脚本。

（7）网络编程　Python 提供了丰富的模块支持 Sockets 编程，能方便、快速地开发分布式应用程序。很多大规模软件开发项目（如 Zope、MNet、BitTorrent）都在广泛地使用它。

（8）游戏开发　很多游戏使用 C++编写图形显示等高性能模块，而使用 Python 或者 Lua 编写游戏的业务逻辑模块。Python 有更高阶的抽象能力，可以用更少的代码描述游戏业务逻辑。Python 的 PyGame 库也可直接用于开发一些简单游戏。

1.1.6　学好 Python 的关键

"Python 程序设计"课程的实践性很强，实践操作在整个课程体系中占据了核心地位，而 Python 涉及的内容又很多，那么如何处理好技能掌握和知识学习的关系呢？很重要的一点是要区分核心知识和扩展知识的关系。学好课程的关键是处理好从 0~1 和从 1~N 的关系，如图 1-3 所示。"1"指的是核心知识和技能，"N"指的是扩展知识。前者内容少，需多练；后者内容多，使用单一，但在有示范代码的情况下能快速掌握并应用。

下面通过一个小任务来展示核心内容的灵活运用。

【任务】计算 2 的 100 次方的各位数字之和。例如，2 的 4 次方是 16，其各位数字之和是 7；2 的 8 次方是 256，其各位数字之和是 13。

【代码】
```
sum([int(ch) for ch in str(2**100)])
```
说明：这里用到的知识点包括类型转换、列表生成式、内置函数等，每一个知识点都不难，但放在一起，对初学者就会造成困扰。但是不用担心，学完本书目录中带★的部分，就可以很容易地理解这行代码。

那么，如何又好又快地学好 Python 呢？可以用图 1-4 中的 6 个字来概括。

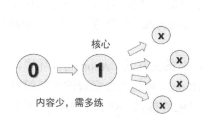

图 1-3 从 0～1，再从 1～N   图 1-4 学好 Python 的关键：刷代码、记笔记

【刷代码】

怎么做到多练？笔者在长期的教学实践中发现，学习者通过在线评测系统提交代码，由系统自动评测并及时给学习者反馈，从而使学习者发现问题，能够有效提高学习者的学习积极性。本书配套的 C、C++、Java、Python 程序自动评测系统，提供了大量适合初学者的练习题，其中的练习题循序渐进，按照各个单元分类，共约 100 个题目，称为"百题大战"。这些题目放置在网站的"竞赛&作业"栏目下。笔者每年还会调整题目以满足初学者的实际需求。使用 Python 优雅的语法和强大的内置数据结构（列表和字典），这 100 道题目中的绝大多数仅需 3～5 行的 Python 代码即可实现。

在阅读本书时，读者需把重点放在任务的解决上，而不是语法细节上。

在学习第 8 章"正则表达式"时，笔者推荐使用网站来学习，多次练习后，读者在很短的时间内就能熟练掌握正则表达式的要点。

【记笔记】

在学习 Python 的过程中，也需要注意对扩展知识的积累。印象笔记、有道云笔记、飞书、语雀等都是很好的知识收集和笔记工具，并且都支持 Markdown 格式、图片的嵌入。读者在平时的学习过程中要勤记笔记，及时归纳，在网上看到好的学习资源也要及时收藏、整理。

小结：无论是刷代码、记笔记，都有一个动词，这也强调了"Python 程序设计"是一门实践性很强的课程，读者需要多动手。

1.2 Python 语言开发环境配置

集成开发环境（IDE）是提供给程序员和开发者的一种基本应用，用来编写和测试软件。一般而言，IDE 由编辑器、编译器（或称为解释器）和调试器组成，通常能够通过 GUI（图形界面）来操作。

常用的 Python 环境有很多，如 IDLE+PyCharm、Anaconda 等。其中，IDLE 是简洁的集成开发环境，也是全国计算机等级考试二级 Python 科目的指定工具，大小不到 30MB。另外，互联网也提供了在线的 Jupyter Notebook 平台，国内的有米筐、聚宽，国外有谷歌的 CoLab。使用云端的米筐 Jupyter Notebook 平台可免去安装软件的麻烦，非常适合初学者使用。

1.2.1 使用云端开发环境 Jupyter Notebook（米筐）

Ipython Notebook 是基于浏览器的 Python 数据分析工具，使用方便，具有极强的交互和富文本的展示效果，Jupyter Notebook 是它的升级版，Anaconda 安装包自带 Jupyter Notebook。

国内很多量化投资网站提供了云端的类似 Jupyter Notebook 的交互式 Python 运行环境，用户可以在其上制定投资策略。当然，也可以用其来学习 Python，从而免去安装软件包的麻烦。本书介绍米筐 Jupyter Notebook 的使用，该平台为用户免费提供 6GB 的内存。米筐 Jupyter Notebook 另外的优势是预装好了常用的第三方库，如 Numpy、Pandas、Scikit-Learn、Seaborn 等，还支持使用 pip 命令来安装自己需要的其他库。

类似的网站还有聚宽，其特点是既支持 Python 2，又支持 Python 3，但是它提供给用户的内存只有 1GB。

国内的百度也提供了 AI Studio 深度学习开发实训平台，包括在线编程环境、免费 GPU 算力和常用数据集。该平台和 Jupyter Notebook 在使用方式上有一定差别。

访问米筐官网，注册账户或者直接使用微信登录。登录网站后，在页面左侧选择"投资研究"，启动米筐 Jupyter Notebook，如图 1-5 所示。

【提醒】网站可能改版，操作界面可能会有所不同。

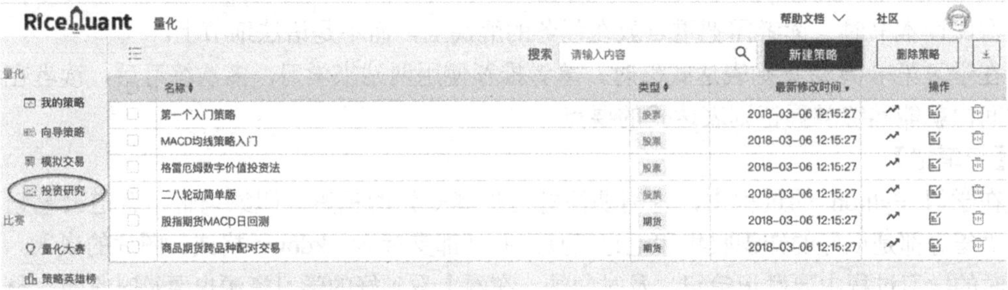

图 1-5　选择"投资研究"选项

启动后，出现图 1-6 所示的界面。

图 1-6　米筐 Jupyter Notebook 的初始界面

单击右上角的"新建"下拉按钮，出现下拉列表，如图 1-7 所示。

图 1-7 "新建"下拉列表

选择"Python 3"选项，进入 Jupyter Notebook 编辑界面，如图 1-8 所示。

图 1-8 Python 3 的 Jupyter Notebook 界面

此时就可以输入并运行 Python 3 代码。

1.2.2 安装一站式开发环境 Anaconda

Anaconda 是一款方便的 Python 包管理和环境管理软件，主要用于科学计算，支持 Linux、Mac、Windows 系统，它可以很方便地解决多版本 Python 并存、切换以及各种第三方包安装问题。Anaconda 利用工具或 conda 命令进行包和环境的管理，并且包含 Python 和相关的配套工具。

与 Python 相对应，Anaconda 分为 Anaconda 2 和 Anaconda 3 两个版本，并且其官网提供 32 位和 64 位软件下载。由于通过国内网络访问 Anaconda 官网的速度较慢，因此建议从国内开源软件镜像站下载 Anaconda 并配置镜像，如清华大学开源软件镜像站。

目前，最新版本的 Anaconda 安装包的大小超过 500MB。如果硬盘空间有限，可以安装 Miniconda，这是一个 Anaconda 的轻量级替代软件，它默认仅包含 Python 和 conda，但是可以通过 pip 和 conda 来安装需要的包。

小知识：国内镜像站点

由于网络带宽限制等原因，导致用户无法实现对主站点的正常访问，因此就诞生了镜像站点。镜像站点可将主站点的信息资源转移到相对容易访问的本地克隆版服务器，以提高用户的访问效率。开源软件 Python、PHP、Linux 均有国内的镜像站点，方便用户快速地安装和下载。

Anaconda 安装成功之后，需要修改其包管理镜像为国内源，在 cmd 中分别运行这两条命令。

```
conda config --add channels https://mirrors.tuna.tsinghua.edu.cn/anaconda/pkgs/ free/
conda config --set show_channel_urls yes
```

1.3 Jupyter Notebook 的使用

运行程序有两种方式：交互式和文件式。交互式是 Python 特有的方式，其他编程语言通常只有文件式执行方式。

交互式指 Python 解释器即时响应用户输入的每条代码，给出输出结果。文件式也称为批量式，指用户将 Python 程序写在一个或多个文件中，然后启动 Python 解释器批量执行文件中的代码。就初学者而言，Jupyter Notebook 提供的交互式是学习 Python 的理想选择。当开发较大规模的程序时，则主要采用文件式。

Jupyter Notebook 是一个交互式笔记本，它支持运行 40 多种编程语言。Jupyter Notebook 本质上是一款支持实时代码、数学方程、可视化和 Markdown 的 Web 应用程序。对于数据分析，Jupyter Notebook 最大的优点是可以重现整个分析过程，并将说明文字、代码、图表、公式和结论都整合在一个文档中。用户可通过 GitHub 将分析结果分享给其他人。

Jupyter Notebook 可作为代码草稿纸，将人们头脑中的思路在 Jupyter Notebook 上以最简单、快速的代码实现，以验证思路是否可行。证明可行性后，再将注意力转移到代码的运行效率及更优的编码实现方案上，运行良好后再次整理代码，处理代码规范等问题。这种流程能大大提高开发效率。

Jupyter Notebook 具有非常丰富的功能，这里介绍最常用的功能。

1. 启动和新建 Jupyter Notebook

使用米筐云端环境：登录米筐网站，单击首页左侧的"投资研究"，可以直接使用 Jupyter Notebook。

使用本地环境：安装好 Anaconda 后，可通过图形化方式或者在系统终端输入命令 jupyter notebook，启动 Jupyter Notebook。

完成 Jupyter Notebook 的启动后，单击右上方的"新建"下拉按钮，出现下拉列表，选择"Python 3"选项，就成功创建了一个新的 Jupyter Notebook。

2. Jupyter Notebook 的界面及其组成

Jupyter Notebook 文档由一系列单元（Cell）构成，主要包括两种形式的单元，即 Markdown 单元（文本标记单元）和代码单元，如图 1-9 所示。

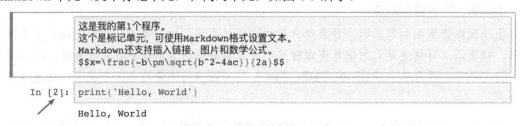

图 1-9　Markdown 单元（文本标记单元）和代码单元

Markdown 单元：也称为文本标记单元，可用于编辑文本，其采用 Markdown 语法规范，可以设置文本格式，插入链接、图片甚至数学公式。编写好 Markdown 语句后，按 Ctrl+Enter

或 Shift+Enter 组合键可运行 Markdown 单元，显示格式化的文本。图 1-9 中的 Markdown 单元运行后的效果如图 1-10 所示。

这是我的第1个程序。这个是标记单元，可使用Markdown格式设置文本。Markdown还支持插入链接、图片和数学公式。

$$x = \frac{-b \pm \sqrt{b^2 - 4ac}}{2a}$$

图 1-10　使用 Markdown 单元显示格式化文本

代码单元：代码单元是编写代码的地方，其通过按 Ctrl+Enter 或 Shift+Enter 组合键运行代码，运行结果显示在本单元下方。代码单元左边有 In [x]编号，x 是代码执行的顺序。

3. 两种模式：编辑模式和命令模式

Jupyter Notebook 的编辑界面类似于 Linux 的 VIM 编辑器界面，其包括两种模式：命令模式和编辑模式。

命令模式：用于执行键盘输入的快捷命令，此时单元左侧显示蓝色竖线。

编辑模式：用于编辑文本和代码，此时单元左侧显示绿色竖线。添加新单元后处于命令模式，两者的相互切换如图 1-11 所示。

图 1-11　Jupyter Notebook 的命令模式和编辑模式的相互切换

4. 查看 Jupyter Notebook 的状态

代码无法运行的原因有很多，其中很重要的一个原因就是 Jupyter Notebook 没有处于正常工作状态，如图 1-12 所示，出现了"没有连接成功"的警告，这时即使代码没有问题，也无法正常运行程序。

图 1-12　查看 Jupyter Notebook 的状态

Jupyter Notebook 中的特殊命令（即 Python 中不存在的命令）被称作"Magic（魔法）"命令。这些命令可以使用户更便捷地实施普通任务。

Magic 命令有两种执行方式：以%开头的命令被称为行命令，其只对单行有效，例如，用%timeit 测量矩阵乘法执行时间的 Python 语句；以%%开头的命令为单元命令，放在单元首行，对整个单元有效。

下面的代码对点乘运算计时。

```
import numpy as np
```

```
a = np.random.randn(100, 100)
%timeit np.dot(a, a)
603 µs ± 48.3 µs per loop (mean ± std. dev. of 7 runs, 1000 loops each)
```

常见的 Magic 关键字及其含义如表 1-1 所示。

表 1-1　常见的 Magic 关键字及其含义

Magic 关键字	含义	Magic 关键字	含义
%timeit	测试单行语句的执行时间	%reset	清除全部变量
%%timeit	测试整个块中代码的执行时间	%who	查看所有全局变量的名称
%matplotlib inline	显示 Matplotlib 包生成的图形	%whos	显示所有的全局变量名称、类型、值/信息
%run	调用外部 Python 脚本	%xmode Plain	设置为当异常发生时展示简单的异常信息
%pdb	调试程序	%xmode Verbose	设置为当异常发生时展示详细的异常信息
%pwd	查看当前工作目录	%debug bug	调试，输入 quit 退出调试
%ls	查看目录文件列表	%env	列出全部环境变量

在 Jupyter Notebook 中还可以执行系统命令。米筐的 Jupyter Notebook 是运行在 Linux 系统上的，这里以米筐的 Jupyter Notebook 为例来展示部分常用 Linux 命令的用法。

【任务 1】查看主机的硬件配置信息，如 CPU 和内存。

【方法】在 Linux 命令前添加感叹号执行命令。

使用!cat /proc/cpuinfo 命令查看主机的 CPU 信息。该 CPU 共有 16 个处理器，其型号是 Intel(R) Xeon(R) CPU E5-26xx v4，由于信息非常多，这里只显示了第 1 个处理器的状态，如图 1-13 所示。

使用!cat /proc/meminfo 命令查看主机的内存信息。如图 1-14 所示，该系统共有约 64GB 的内存。

```
In [2]: !cat /proc/cpuinfo
        processor      : 0
        vendor_id      : GenuineIntel
        cpu family     : 6
        model          : 79
        model name     : Intel(R) Xeon(R) CPU E5-26xx v4
        stepping       : 1
        microcode      : 0x1
        cpu MHz        : 2394.446
        cache size     : 4096 KB
```

图 1-13　查看处理器状态

```
In [3]: !cat /proc/meminfo
        MemTotal:       65968092 kB
        MemFree:        12287796 kB
        MemAvailable:   28651004 kB
        Buffers:         1933424 kB
        Cached:         12995592 kB
        SwapCached:            0 kB
        Active:         43361660 kB
        Inactive:        5714528 kB
        Active(anon):   34150036 kB
        Inactive(anon):     1352 kB
        Active(file):    9211624 kB
        Inactive(file):  5713176 kB
```

图 1-14　查看内存空间

【任务 2】下载网络文件。

【方法】使用 Linux 命令 curl 来实现。

尽管可以先把文件下载到本地，然后上传到 Jupyter Notebook 云端，但这种方式略显烦琐，使用 Linux 命令 curl 会方便很多。curl 是一个利用 URL 规则在命令行下工作的文件传输工具，可以说是一款很强大的 HTTP 命令行工具。它支持文件的上传和下载，是综合传输工具，但传统上习惯称 curl 为下载工具，其下载文件的命令如下。

```
!curl -O http://speedtest.newark.linode.com/100MB-newark.bin
```

参数–O 表示保留远程文件的文件名，下载的内容写到该文件中。

这里下载的文件大小为 100MB。curl 命令会显示文件的传输进度，如图 1-15 所示。

```
In [*]:  !curl -O http://speedtest.newark.linode.com/100MB-newark.bin

         % Total    % Received % Xferd  Average Speed   Time    Time     Time  Current
                                        Dload  Upload   Total   Spent    Left  Speed
         52  100M   52 52.4M    0     0  7710k      0  0:00:13  0:00:06  0:00:07 10.6M
```

图 1-15　执行 curl 命令后显示文件传输进度

下载完毕后，就可以在当前目录看到所下载的文件信息，如图 1-16 所示。

```
In [9]:  !ls -la

         total 102435
         drwx------ 5 rice rice      4096 3月   4 08:31 .
         drwx------ 1 rice rice      4096 3月   4 08:03 ..
         -rw-r--r-- 1 rice rice 104857600 3月   4 08:30 100MB-newark.bin
         drwxr-xr-x 2 rice rice      4096 3月   4 08:05 .ipynb_checkpoints
         -rw-r--r-- 1 rice rice      3800 3月   4 08:16 iris.csv
```

图 1-16　下载的文件信息

程序的运行与软件运行环境有很密切的关系。如果软件的版本和程序要求的不同，往往会导致程序报错或运行结果不正确。

【任务 3】查看软件运行环境，包括操作系统、Python 版本和 NumPy 包的版本。

【方法】使用 Linux 命令 uname –a 查看 Linux 版本信息，如图 1-17 所示；使用 Python 脚本查看 Python 的版本和函数库的版本。

```
In [6]:  !uname -a
         Linux jupyter-user-5f319960 4.18.13-1.el7.elrepo.x86_64 #1 SMP Wed Oct 10 15:37:55 EDT 2018 x86_64 x86_64 x86_64 GNU/
         Linux
```

图 1-17　查看 Linux 版本

了解 Python 的版本信息也非常重要。图 1-18 所示为米筐系统上的 Python 版本为 3.5.5。

```
In [13]:  import sys
          sys.version
Out[13]:  '3.5.5 | packaged by conda-forge | (default, Jul 23 2018, 23:45:43) \n[GCC 4.8.2 20140120 (Red Hat 4.8.2-15)]'
```

图 1-18　查看 Python 版本

要了解函数库的版本，可以使用内置的变量__version__（version 前后都是双下画线）来查看，如图 1-19 所示。

```
In [15]:  import numpy as np
          np.__version__
Out[15]:  '1.15.2'
```

图 1-19　查看函数库的版本

说明：使用内置的变量__version__可以查看绝大多数函数库的版本。对某些函数库失效时，可使用搜索引擎来查找解决办法。

Python 安装第三方包的命令是 pip，在 Jupyter Notebook 中可通过在命令前添加感叹号来执行。如果在米筐中执行，还需要使用参数–user，否则命令会由于没有写入权限而报错。安装词云包 wordcloud 的命令如下。

```
!pip install wordcloud --user
```

在米筐中安装第三方包 wordcloud 的过程如图 1-20 所示。

```
In [3]: !pip install wordcloud --user

Collecting wordcloud
  Using cached https://files.pythonhosted.org/packages/5e/b7/c16286efa3d442d6983b3842f982502c00306c1a4c719c41fb00d601
7c77/wordcloud-1.5.0-cp35-cp35m-manylinux1_x86_64.whl
Requirement already satisfied: pillow in /opt/conda/envs/ricequant/lib/python3.5/site-packages (from wordcloud)
Requirement already satisfied: numpy>=1.6.1 in /opt/conda/envs/ricequant/lib/python3.5/site-packages (from wordcloud)
Installing collected packages: wordcloud
Successfully installed wordcloud-1.5.0
You are using pip version 9.0.3, however version 19.0.3 is available.
You should consider upgrading via the 'pip install --upgrade pip' command.
```

图 1-20　安装第三方包 wordcloud 的过程

安装完毕后，开启新的 Jupyter Notebook 或者重新启动 Jupyter Notebook 才能使用 wordcloud 包。

1.4　探索 Python：乘方、阶乘和单词统计

计算机最主要的功能是计算，这里说的计算不限于数值计算，还包含文本计算。

（1）计算乘方

Python 可以当成一个计算器来使用。比如，计算 3 的 4 次方：

```
In [1]: 3**4
Out[1]: 81
```

说明：

1）**是 Python 中的乘方运算符。

2）在 Jupyter Notebook 中会输出最后一行代码的变量或表达式的值，从而省略了 print 语句，这一点与使用程序编辑器写代码有所不同。

3）In 后面的序号"[1]"表示代码执行的顺序。

在很多程序设计语言中，稍大的整数计算就会溢出（超出限定的范围），但 Python 不会出现这种情况，如计算 3 的 300 次方。

```
In [2]: 3**300
Out[2]: 136891479058588375991326027382088315966463695625337436471480190078368997177499907659380020615568894138825048444059799404281351273276569577456001
```

使用 IPython，还可以很方便地统计计算所花费的时间。

```
In [3]: time 3**300
CPU times: user 3 µs, sys: 0 ns, total: 3 µs
Wall time: 8.11 µs
Out[3]: 136891479058588375991326027382088315966463695625337436471480190078368997177499907659380020615568894138825048444059799404281351273276569577456001
```

Wall time 从名字上来看就是墙上时钟的意思，可以理解为进程从开始到结束的时间，包

括其他进程占用的时间。

（2）计算阶乘

在其他程序设计语言中，计算阶乘需要编写程序。在 Python 中，数学库 math 提供了这个常用的功能。

```
In [4]: import math

In [5]: math.factorial(5)
Out[5]: 120
```

数学库 math 是 Python 自带的标准库，无须安装。Python 的强大之处是其拥有庞大的第三方程序库，几乎用户能想到的功能都可以在 Python 标准库或第三方程序库中找到，这大大节省了开发时间。

（3）统计单词出现的次数

Python 不仅在数值计算方面功能强大，其文本处理能力也异常强大。下面仅用 3 行代码就能计算出一句话中每个单词出现的次数。

```
txt = 'Python PHP Python C Java Java Python C++ PHP Python'
import collections
print(collections.Counter(txt.split()))
# Counter({'Python': 4, 'Java': 2, 'PHP': 2, 'C': 1, 'C++': 1})
```

说明：最后一行是注释，用于显示程序的运行结果。

1.5　小结

- 几十年来，CPU 的性能有了质的飞跃，计算机的硬件成本大幅降低，计算机的应用范围不断扩大，程序设计的效率关注点也逐渐从早期的运行效率转向运行效率和开发效率并重。
- Python 是解释性语言。和 C 语言相比，Python 的开发效率高、运行效率低。
- Python 3 不兼容 Python 2，Python 官方在 2020 年停止了对 Python 2 的支持。
- 使用云端开发环境能减少配置环境的工作量，使初学者聚焦于 Python 核心技能的掌握。
- Python 提供了交互式的运行方式，使开发者能及时检查变量的值。
- Jupyter Notebook 非常强大，除了设计程序外，它还能编写简单的文档。
- Python 是"自带电池"的编程语言，它包括了高效的核心数据结构、内置函数以及标准库。
- 第三方为 Python 提供了海量的扩展库，从而大大拓展了 Python 的应用范围。

1.6　习题

一、选择题

1. Python 3 正式发布的年份是＿＿＿＿＿＿。

A．1990 B．2000 C．2008 D．2016

2．关于 Python 语言的特点，以下选项中描述错误的是_____。

A．Python 语言是非开源语言 B．Python 语言是脚本语言

C．Python 语言是跨平台语言 D．Python 语言是多模型语言

3．从运行层面上来看，从 4 个选项选出不同的一个_____。

A．Java B．Python C．ObjectC++ D．C#

4．Python 是解释型的编程语言，该类型语言的特性是_____。

A．能脱离解释器运行 B．效率低

C．独立 D．效率高

5．以下用 C 语言开发的 Python 解释器的是_____。

A．JPython B．IronPython C．CPython D．PyPy

6．Python 语言的主网站网址是_____。

A．https://www.python.com/ B．https://www.python.cn/

C．https://www.python.org/ D．https://pypi.python.org/pypi

7．以下选项中，不是 Python IDE 的是_____。

A．Jupyter Notebook B．R studio

C．PyCharm D．Spyder

8．想查看函数 len 的文档信息，输入_____命令。

A．help len B．help --len C．len help D．help(len)

9．下列选项中可以准确查看 Python 代码语言版本的是_____。

A．import sys; sys.exc_info() B．import sys; sys.path

C．import sys; sys.version D．import sys; sys.version--info

10．在 Python 3 中，代码 print "Hello World"的语法错误显示是_____。

A．SyntaxError: invalid character in identifier

B．SyntaxError: Missing parentheses in call to 'print

C．<built-in function print><o:p></o:p>

D．NameError: name 'raw_print' is not defined

二、简答题

1．培养良好的学习习惯非常重要。尝试使用语雀、印象笔记或有道云笔记中的一个来记录探索 Python 的过程，笔记中应包含标题、截图、代码等内容。

2．说明机器语言、汇编语言和高级语言各自的特点。

3．Python 受到哪几种程序设计语言的影响？

4．简要概括 Python 的特点。

5．说明 Python 的应用领域（至少 5 个）。

6．在 Jupyter Notebook 中如何运行 Python 脚本文件？

7．查看所使用开发环境的 Python 版本。

8．计算 9**0.5 和 25**0.5 的值。

9．查看米筐环境中 requests 和 pandas 包的版本。

第 2 章　程序设计入门

带着以下问题学习本章。

- 什么是 PyPI?
- 包的导入有哪几种方式?
- 结构化程序由哪几部分构成?
- 变量命名要注意什么?
- 为何不建议使用 sum、max 等作为变量名?
- Python 的核心数据类型有哪些?
- Python 的整数类型有固定长度吗?
- 浮点数的 "不确定尾数" 是怎么产生的?
- 哪个函数可用于查看变量的类型?
- 输入函数 input 的返回值是什么类型?
- 如何使用程序在线评测系统?

2.1　计算生态与导入库和函数

Python 和其他编程语言最大的区别就是其庞大的第三方库,这些库形成了 "计算生态"。Python 从诞生之初就致力于开源开放,从而建立了全球最大的编程计算生态。

2.1.1　计算生态

Python 官方网站提供了第三方库的索引功能(the Python Package Index,PyPI),网站页面如图 2-1 所示。该页面列出了 Python 语言中 17 多万条第三方库的基本信息,这些函数库覆盖信息领域的所有技术方向。

Python 的函数库并非都采用 Python 编写。由于 Python 具有简单灵活的编程方式,很多采用 C、C++等语言编写的专业库经过简单的接口封装即可供 Python 程序调用。

图 2-1　PyPI 网站页面

用。这样的黏性功能使得 Python 成为各类编程语言之间的接口,围绕它迅速形成了全球最大的编程语言开放社区。

在计算生态思想指导下,编写程序的起点不再是探究每个具体算法的逻辑功能和设计,而是尽可能地使用第三方库的代码探究运用库的系统方法。这种像搭积木一样的编程方式称为"模块编程"。每个模块可能是标准库、第三方库、用户编写的其他程序或对程序运行有帮助的资源等。

模块编程与模块化设计不同，模块化设计主张采用自顶向下的设计思想，主要进行耦合度低的单一程序的设计与开发，而模块编程主张利用开源代码和第三方库作为程序的部分或全部模块，像搭积木一样编写程序。

2.1.2 导入库和函数★

Python 模块包括库（Library）、模块（Module）、类（Class）和程序包（Package）等，这里把这些可重用代码统称为"库"。Python 内置的库为标准库，其他库为第三方库。

有过编程经验的读者都知道，C 语言如果需要使用库函数，必须用#include 语句，如"#include <stdio.h>;"。Java 要使用包，必须用 import 语句，如"import java.util.*;"。Python 也是如此，使用 Python 的库和函数有以下几种情况，如表 2-1 所示。

表 2-1 导入库和函数的常用方式

方式	示例	说明
导入库	import math	库名很短
导入库并命别名	import numpy as np	库名很长
从库中导入一个函数	from math import sqrt	
从库中导入多个函数	from math import sqrt, fabs	
从库中导入所有函数	from math import *	不推荐，限于实验和探索

（1）导入库

```
import math
print(math.sqrt(3))        # 1.7320508075688772
```

这里用到了数学库 math 中的计算平方根函数 sqrt。通过 import math 来导入函数库。

（2）导入库并命别名

在代码中推荐使用类似 math.sqrt 的写法，代码可读性好。但如果包的名称很长，用起来就不方便，这时可以采用下面的做法。

```
import numpy as np
na = np.array(range(0,5))      # array([0, 1, 2, 3, 4])
print(na.mean())               # 2.0  数组的平均值
```

上述第 1 行给 numpy 命了别名 np。别名通常会采用被广泛认可的名称，如：

```
import numpy as np
import pandas as pd
import matplotlib.pyplot as plt
```

（3）从库中导入一个函数

由于需要多次使用 math 库中的 sqrt 函数，因此可使用 from math import sqrt 把库中的 sqrt 函数导入到当前空间，代码如下。

```
from math import sqrt
print(sqrt(3))             # 1.7320508075688772
print(sqrt(9))             # 3.0
```

（4）从库中导入多个函数

从特定库中导入多个函数的代码如下。

```
from math import sqrt, fabs
print(sqrt(9))                    # 3.0
print(fabs(-2))                   # 2.0
```

（5）从库中导入所有函数

如果导入的函数非常多，可以一次性导入库中的所有函数，代码如下。

```
from math import *
print(sqrt(9))
print(fabs(-2))
```

要查看包中的函数，可以使用 dir 函数，如 dir(math)，输出如下。

```
['__doc__', '__file__', '__loader__', '__name__', '__package__', '__spec__',
'acos', 'acosh', 'asin', 'asinh', 'atan', 'atan2', 'atanh', 'ceil', 'copysign', 'cos',
'cosh', 'degrees', 'e', 'erf', 'erfc', 'exp', 'expm1', 'fabs', 'factorial', 'floor',
'fmod', 'frexp', 'fsum', 'gamma', 'gcd', 'hypot', 'inf', 'isclose', 'isfinite',
'isinf', 'isnan', 'ldexp', 'lgamma', 'log', 'log10', 'log1p', 'log2', 'modf', 'nan',
'pi', 'pow', 'radians', 'sin', 'sinh', 'sqrt', 'tan', 'tanh', 'tau', 'trunc']
```

2.2　结构化程序的框架

Python 既支持面向对象程序设计，也支持面向过程程序设计。在完成简单任务时，面向对象程序设计并没有太多优势，所以本书主要介绍面向过程程序设计。

2.2.1　程序的基本处理流程 IPO

每个计算机程序都被用来解决特定的计算问题。较大规模的程序提供丰富的功能来解决完整的计算问题，如控制航天飞机运行的程序、操作系统等；小型程序或程序片段可以为其他程序提供特定计算支持，作为解决更大计算问题程序的组成部分。

无论程序规模如何，每个程序都有统一的运算模式，即输入数据、处理数据和输出数据，形成了基本的程序处理流程，即 IPO（Input、Process、Output），如图 2-2 所示。

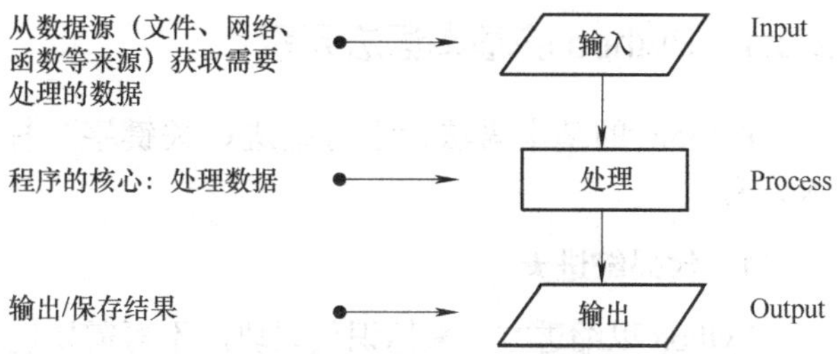

输入（Input）是程序的开始。程序要处理的数据有多种来源，从而形成了多种输入方式，包括文件输入、网络输入、控制台输入、交互界面输入、随机数据输入、内部参数输入等。

处理（Process）是程序对输入数据进行计算并产生输出结果的过程。计算问题的处理方法统称为算法，它是程序最重要的组成部分，是程序的灵魂。

图 2-2　程序的基本处理流程 IPO

输出（Output）是程序展示运算结果的方式。程序的输出方式包括控制台输出、图形输出、文件输出、网络输出、操作系统内部变量输出等。

2.2.2 任务：计算圆的周长和面积

【任务】根据圆的半径求圆的周长和面积。

【方法】根据 IPO 流程，分为 3 个步骤。

1）输入：使用 input 函数获取输入数据，然后将输入数据转换为浮点数。

2）处理：根据半径计算出周长和面积，并保存到变量 circumference 和 area 中。

3）输出：使用 print 函数输出计算结果。

提示：初学者在刚接触程序设计时，往往会在程序的输入及输出上遇到困难。实际上，输入及输出的代码很少发生变化，多多练习就很容易掌握。

【代码】

```
#-*-coding: utf-8-*
# 本程序的功能是根据圆的半径来计算圆的周长和面积
import math


radius = float(input("输入圆的半径: "))
circumference = 2 * math.pi * radius          # 计算圆的周长
area = math.pi * radius * radius              # 计算圆的面积
print("圆的周长是%.2f，圆的面积是%.2f。" %(circumference, area))
```

说明：符号#后面的是注释，可帮助程序阅读者了解代码功能，在练习时不必输入。

【运行】运行代码时会提示输入圆的半径，如图 2-3 所示。

输入圆的半径：| 10

图 2-3　提示输入圆的半径

输入 10 后，按 Ctrl + Enter 组合键，显示结果如下。

圆的周长是 **62.83**，圆的面积是 **314.16**。

2.3　Python 程序语法特点分析

2.3.1　Python 的基本语法元素

Python 的基本语法元素有缩进、关键字、标识符、变量、注释等，下面介绍这些基本元素。

1. 代码缩进★

Python 以缩进方式来标识代码块，不再需要使用大括号，代码因而显得简洁、明朗。

同一个代码块中的语句必须保证使用相同的缩进空格数，否则将会出错。缩进的空格数并没有硬性要求，一致即可，建议使用 4 个空格。

正确缩进的 Python 代码如下。读者可以尝试在 Jupyter Notebook 中运行下面的代码，目前无须理解所有代码。

```
# 求水仙花数

for i in range(100, 1000):
    a = i//100
    b = i//10%10
    c = i%10
    if (i==a*a*a+b*b*b+c*c*c):
        print(i, end=' ')


# 153 370 371 407
```

如果在第 5 行（包括空行）的变量 b 之前添加几个空格，会出现如下的错误。

```
 File "<ipython-input-24-7fc265b4ad9b>", line 3
    b = i//10%10
    ^
IndentationError: unexpected indent
```
缩进错误：意外缩进

强制缩进来源于 ABC 语言，而 C 语言和 Java 习惯用大括号来表示代码块。

对于习惯了类 C 语言的程序员而言，缩进规则可能会有点特别，而这正是 Python 精心设计的。Python 引导程序员写出统一、整齐并具有可读性的程序。这也意味着程序员必须根据程序的逻辑结构，以垂直对齐的方式来组织程序代码。

缩进规则也会给初学者带来不便。例如，若初学者想把网页上的 Python 代码复制到 Jupyter Notebook 中，代码却无法正确运行或者运行结果和预期不一致，这很有可能是代码中原有的空格消失或者 Tab 键和空格混用导致的。

2. 关键字和标识符

（1）关键字

关键字（Keyword）也称保留字，指语言内部定义并保留使用的标识符。程序员编写程序时不能命名与关键字名称相同的标识符。每种程序设计语言都有一套关键字，关键字一般用来构成程序整体框架，表达关键值及具有结构性的复杂语义等。

Python 3 共有 33 个关键字。与其他标识符一样，Python 的关键字是大小写敏感的。例如，True 是关键字，但 true 不是关键字。Python 的标准库提供了 keyword 模块，可以输出当前版本的所有关键字。

下面的代码用于关键字的判断和关键字个数的计算。

```
import keyword

print(keyword.iskeyword('for'))        # True
print(len(keyword.kwlist))             # 33
```

代码中的 keyword.kwlist 返回了一个列表，其中包含了 33 个关键字，函数 len 用于求列表的长度。这 33 个关键字之中，3 个关键字首字母大写，其他 30 个关键字全部为小写，如表 2-2 所示。

表 2-2　Python 3 的 33 个关键字

False	None	True			
and	as	assert	break	class	continue
def	del	elif	else	except	finally
for	from	global	if	import	in
is	lambda	nonlocal	not	or	pass
raise	return	try	while	with	yield

（2）标识符

标识符是计算机语言中允许作为名称的有效字符串集合。Python 标识符规则和 C、Java 等高级语言相似，有以下一些命名规则：

1）名称可以包含任何字母、数字和下画线，不能出现分隔符、标点符号或者运算符。当名称包含多个单词时，可以使用下画线来连接，如 student_name。

2）数字不能作为名称的首字符。

3）名称不能是关键字。

4）名称的长度不限，但需要区分大小写。

开头和结尾都使用下画线的名称是 Python 自定义的特殊方法与变量（对于特殊方法，可以对其进行重新实现，也就是给出自己的实现版本），所以用户不应该再引入这种开头和结尾都使用下画线的名称。

3. 变量及其命名

Python 中的变量不需要提前声明，在创建时直接对其赋值即可，变量类型由赋给变量的值决定。一旦创建了变量，就需要给该变量赋值。有一种通俗的说法是，变量好比一个标签，指向内存空间的一个特定的地址。创建一个变量时，在机器的内存中，系统会自动给该变量分配内存空间，用于存放变量值。

变量的命名须严格遵守标识符的规则，Python 中还有一类非关键字的名称，如内置函数名。这些名称有某种特殊功能，虽然用于变量名时不会出错，但会造成相应的功能丧失。例如下面的代码，使用了变量 sum。

```
print(sum([1, 2, 3]))      # 6

sum = 0
print(sum)                 # 0
print(sum([1, 2, 3]))
```

运行上述代码，在输出 6 和 0 后，会出现下面的错误：

```
TypeError: 'int' object is not callable
```

函数 sum 可以用来对序列求和（第 1 行代码），但是 sum 一旦用作变量名，就失去了原有的功能。最后一行代码再次应用函数 sum 求和，但此时系统认为 sum 是一个整型变量，而不是一个函数，所以出现了上述错误。

因此，在变量命名时，不仅要避免使用 Python 中的关键字，还要避开内置函数名，以免发生一些不必要的错误。

说明：内建作用域的优先级是最低的，详见 6.8 节的"变量的作用域 LEGB 原则"。

4. 代码注释

注释对于程序开发来说是不可少的，开发人员在实际应用中常常要面对成千上万行的代码，如果对代码注释得不够清晰，时间久了恐怕连开发人员也弄不清代码的含义。

Python 中的单行注释以#开头，多行注释可以用多个#号，或者使用三重引号'''和"""。

下面的代码中，前两行是单行注释，后面的是多行注释。

```
# 井号后面就是注释
# 注释用于说明程序功能


'''
多行注释使用 3 个引号开始和结尾，
实际上是定义了字符串，但并没有赋值，也没有作为函数的输入，
间接起到了注释的作用
'''
```

说明：在本书中，如果程序的输出结果不长，就会以注释的形式放在相应语句的后面。

2.3.2　多行语句

多行语句可以有两种理解：一条语句多行；一行多条语句。

一条语句多行的情况一般是单条语句太长，需要表达的程序逻辑较多，使用编辑器无法对此有效编写，或者考虑到代码的美观和可读性，这时就需要使用"续行符号"。使用反斜杠可以实现一条长语句的换行，如下所示。

```
one, two, three = 1, 2, 3
total = one + \
        two + \
        three
print(total)        # 6
```

包括在小括号( )、中括号[ ]和大括号{ }中的多行语句，不需要使用反斜杠，例如：

```
lst = [[1, 2, 3],
       [4, 5, 6],
       [7, 8, 9]]
print(lst)

# [[1, 2, 3], [4, 5, 6], [7, 8, 9]]
```

一行多条语句往往用在语句间关系紧密的情况下，如下所示。

```
a = 3; b = 4; c = 3 + 4
print(a, b, c);         # 3 4 7
```

说明：如果每行只有一条语句，通常是不使用分号的。

2.4　Python 的 6 种核心数据类型

使用计算机对数据进行运算时需要明确数据的类型和含义。例如数据 100101，计算机

需要明确地知道这个数据是十进制数字、二进制数字还是字符串。数据类型用来表达数据的含义，消除计算机对数据理解的二义性。Python 支持多种数据类型，常用的有 6 种，如图 2-4 所示。

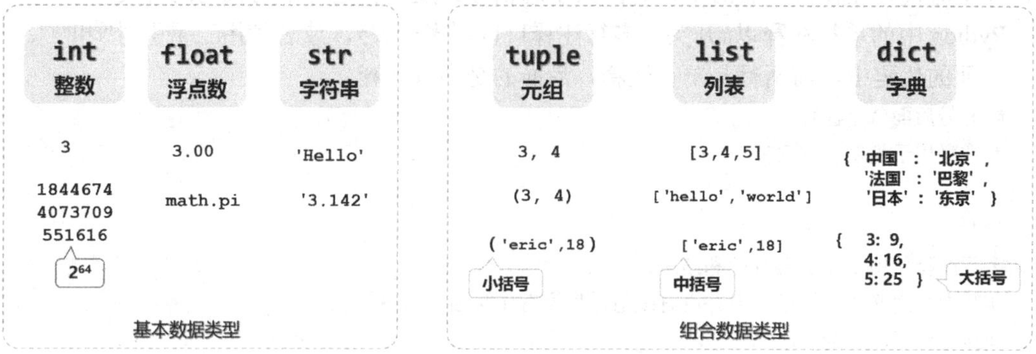

图 2-4　Python 中常用的 6 种核心数据类型

常用的基本数据类型包括整数、浮点数和字符串。

常用的组合数据类型包括元组、列表和字典，分别对应小括号、中括号和大括号，也称为容器（container）。它们可以获取元素或者给元素赋值（限于列表和字典）。元素取值和赋值通常采用下标表达式[ ]的形式。

查看数据类型可以使用内置函数 type，如下所示。

```
type(3)        # int
type(3.0)      # float
type('3.0')    # str
type((3,4))    # tuple
type([3,4])    # list
type({3:4})    # dict
```

类型之间还可以相互转换，如下所示。

```
int(3.9)             # 3，浮点数转整数，舍去小数部分
str(3.9)             # '3.9'，浮点数转字符串
str(3)*5             # '33333'， 整数 3 转为字符串，然后执行字符串乘法
```

说明：浮点数转换为整数类型时，小数部分会被舍弃（不使用四舍五入）。

2.5　可变类型和不可变类型

可变（Mutable）与不可变（Immutable）是对各种数据类型都有意义的重要性质。可变类型的对象在创建之后可以变化（包括结构或内容的变化），而不可变类型的对象在创建之后就不会再改变（不能修改）。

Python 的各种基本数据类型都是不可变类型。它们的对象只能创建（例如，数值计算就是创建新对象），已有的对象不能被修改。例如，假设 x 的值是整数，x += 1 要求创建一个比 x 原值大 1 的新对象，并将该对象赋给 x，原来的整数对象被丢弃，交给系统处理。

列表、字典是可变类型，元组和字符串类型是不可变类型。对不可变类型的操作只有创

建对象（生成新对象）和取得对象内部的信息；对可变类型，还可以进行修改对象的操作。

　　小结：常见类型中，只有列表和字典是可变类型，其他是不可变类型。

　　学习过 C 语言的读者可能会产生疑惑，执行语句"a = 3; a = 81"后，变量 a 的值变为 81 了，明明是可变的，为何称其为不可变类型呢？

　　在 C 语言中，如图 2-5a 所示，语句"int a; a = 3; a = 81"的执行过程是这样的：

　　1）声明类型后，给变量 a 分配一个指定的区域。

　　2）执行 a = 3 后，把该区域的存放内容更新为 3。

　　3）执行 a = 81 后，把该区域的存放内容更新为 81。

　　在这个过程中，把 a 称为变量，a 所在的地址存储的内容是可变的。

　　在 Python 中，如图 2-5b 所示，语句"a = 3; a = 81"的执行过程是这样的：

　　1）执行 a = 3，创建一个对象来代表值 3，创建一个变量 a，将变量 a 和对象 3 相连接。

　　2）执行 a = 81，创建一个对象来代表值 81，由于变量 a 已经存在，将变量 a 和对象 81 相连接，由于没有其他变量引用对象 3，则释放对象 3。

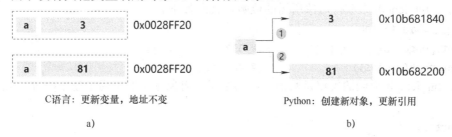

图 2-5　C 语言和 Python 中的赋值语句执行对比

　　Python 中的整数对象创建之后是不能改变的，如果要实现类似于 C 语言中的改变，那么实际上是通过创建新的对象、使原来的变量指向新的对象来实现的。Python 中的变量名引用了对象，如果执行赋值语句后，变量名引用的对象发生了变化，则变量名所代表的类型也发生变化。

　　下面的代码片段有助于帮助理解赋值语句的执行过程，两个 a 输出的对象的地址会有所不同。

```
a = 3
print(hex(id(a)))   # 0x10b681840
a = 81
print(hex(id(a)))   # 0x10b682200
```

　　说明：函数 id 用于获取对象的内存地址，函数 hex 用于将十进制整数转换成十六进制数，并将其以字符串形式表示。

2.6　数字类型和算术运算

　　Python 提供 3 种数字类型：整数（int）类型、浮点数（float）类型和复数（complex）类型。例如，1010 是整数类型，10.10 是浮点数类型，10+10j 是复数类型。

　　布尔类型是整数类型的子类型，只有 True 和 False 两个值。布尔运算主要用于条件判断。

Python 支持的 3 类数字类型的使用方法如下。

```
print(type(3))          # <class 'int'>
print(type(1.0))        # <class 'float'>
print(type(3+4j))       # <class 'complex'>
```

整数类型与数学中整数的概念一致，其理论上的取值范围是[-∞, +∞]。只要计算机内存能够存储，Python 程序可以使用任意大小的整数，可以认为整数类型是没有取值范围限制的。在 Python 中，一定范围内的整数计算通过硬件直接实现，计算效率高。超范围的整数计算通过软件技术模拟，运算会耗费较多时间。

整数类型用 4 种进制表示：十进制、二进制、八进制和十六进制。默认情况，整数采用十进制，其他进制需要增加引导符号，如二进制数以 0b 引导，八进制数以 0o（字母 o）引导，十六进制数以 0x 引导。

Python 中的一切变量、函数都是对象。这意味着，即使 int 对象也有内建方法。例如可以调用方法 bit_length 来获得对象所需的位数，代码如下。

```
googol = 10 ** 100
print(googol.bit_length())          # 333
print(type(googol))                 # <class 'int'>
```

方法 bit_length 返回的仅仅是数值占用的空间，对象占用的空间可使用函数 sys.getsizeof 来获取。

```
import sys
n = 10
print(n.bit_length())        # 4
print(sys.getsizeof(n))      # 28
```

Python 是动态类型的语言，解释程序在运行时可推知对象的类型。

Python 中的浮点数类型与数学中实数的概念一致，表示带有小数的数值。在整数值中加一个点，如 3.或者 3.0，会让 Python 将这个数解释为浮点数，如下所示。

```
type(3.0) # float
```

浮点数计算通过硬件实现，统一而高效，计算机底层硬件采用 IEEE 754 浮点数标准。标准浮点数具有 16～17 位的十进制精度，其表示范围为 $\pm 5 \times 10^{-324} \sim 1.7 \times 10^{308}$，其中绝对值太小的实数被归结为 0，绝对值更大的实数也无法表示。

Python 浮点数运算存在一个"不确定尾数"问题，即两个浮点数运算时可能会在运算结果后增加一些不确定的尾数，例如：

```
print(0.35 + 0.20)   # 0.55
print(0.27 + 0.20)   # 0.47000000000000003
print(0.28 + 0.32)   # 0.6000000000000001
```

这是 CPU 和 IEEE 754 标准通过自己的浮点单位执行算术时的特征。要比较两个浮点数是否相等，采用的方法是检查这两个浮点数差值的绝对值是否足够小。

一般情况下，这种小误差是允许存在的。如果不能容忍这种误差（如金融领域），那么就要考虑用一些途径来解决这个问题。Python 提供了 decimal 模块，用于十进制数计算，它可以设定精度范围，满足更高精度的要求。

对于同一个浮点数，可以用多种不同方式去描述，例如，1234.0、1.234e3、0.1234e4 是写法不同的 3 个浮点数字表示，而它们描述的是同一个浮点数。在显示计算结果时，解释器会自动选择合适的方式，尽可能使输出易于阅读。

```
print(1.23e4)                               # 12300.0
print(1234567891011121314.15161718)         # 1.2345678910111214e+18
```

在科学计算领域，通常使用 Numpy 库来提升大规模数值计算的速度，因为这个库使用 C、C++实现，并支持多种浮点类型。

Python 的常用算术运算示例如表 2-3 所示。

表 2-3 Python 的常用算术运算示例

表达式	运算结果	说明
9 + 4	13	加法
9 - 4	5	减法
9 * 4	36	乘法
9 / 4	2.25	数学除法
9 // 4	2	取整除法
9 % 4	1	取余（模运算）
2**10	1024	乘方，2 的 10 次方
36**0.5	6	乘方运算的特例：平方根
7+9**0.5	10.0	乘方的优先级高
(7+9)**0.5	4.0	括号改变优先级

从浮点数转换到整数，默认转换方式是舍去小数部分，通常称为截尾。从统计的观点看，使用中小学的算术里教过的"四舍五入"的舍入规则得到的整数值偏大。如果银行总按四舍五入计算来付钱，长期累积会导致较大数额的亏损。为了防止这种情况，人们提出了另一种更为公平的舍入式。

Python 的内置函数 round 采用的是另一种转换方式，称为"四舍六入五取偶"，也称为"银行家舍入"。这是目前大多数计算机硬件采用的舍入计算标准（IEEE 754 浮点数标准中的舍入计算标准方法）。表 2-4 展示了函数 round 的运算规则示例。

表 2-4 函数 round 运算规则示例

四舍六入五取偶	运算结果	截尾	运算结果
round(0.5)	0	int(0.5)	0
round(1.5)	2	int(1.5)	1
round(−0.5)	0	int(−0.5)	0
round(−1.5)	−2	int(−1.5)	−1

2.7 程序在线评测系统及基本使用

程序在线评测（Online Judge，OJ）系统是基于 Web 的服务器端判题系统。用户在在线评测系统注册后，可以根据题目在线提交多种程序（C、C++、Java、Pascal、Python 等）源代码，系统对源代码进行编译和执行，采用黑盒测试，通过预先设置的测试数据来检验源代码的正确性。

2.7.1 程序在线评测系统

程序在线评测系统最先应用于 ACM-ICPC 国际大学生程序设计竞赛和信息学奥林匹克竞赛的自动判题及训练中，现已逐步推广到高校的高级语言程序设计、数据结构与算法分析等课程的实践教学中，并取得了较好的效果。

为了让本书的读者更好地掌握程序设计语言，笔者搭建了 C、C++、Java、Python 程序在线评测系统。该系统提供了大量适合初学者的练习，循序渐进，按照各个单元分类，约 100 题，称为"百题大战"，放置在"竞赛&作业"栏目下。每年还会调整题目以更适合初学者的实际需求。

2.7.2 程序评测系统中的 Hello World：A+B 问题

【任务】P1326 计算两个整数的和。本任务描述如表 2-5 所示。

表 2-5 任务描述

说明	输入两个整数，计算这两个整数的和
样例输入	3 4
样例输出	7

其中，"P1326"是本任务在评测系统中的题目序号。本书对来自评测系统中的任务都会给出相对规范的问题说明，包括样例输入和样例输出。有的题目相对复杂，本书提供的样例输入和样例输出能帮助读者理解题目的含义，样例输入和样例输出本身不应该出现在代码中。

【代码】

```
a, b = [int(s) for s in input().split()]
c = a + b
print(c)
```

上述代码虽然简单，但体现了面向过程程序的组成，包含输入（Input）、处理（Process）、输出（Output）这 3 个部分。

说明：评测系统支持 Python 3。

2.7.3 基本输入/输出函数

函数 input 和 print 是 Python 3 中最常用的基本输入和输出函数。

1. 函数 input

函数 input 可从控制台获得用户的一行输入，无论用户输入什么内容，该函数都返回字符串类型（string）的结果。该函数可以包含一些提示性文字，用来提示用户，使用方法如下。

```
r = float(input('请输入圆的半径'))
print(r)
```

在 Jupyter Notebook 中运行上面的代码，会弹出输入框，同时代码单元左侧出现星号，表示程序正在运行中，如图 2-6 所示。

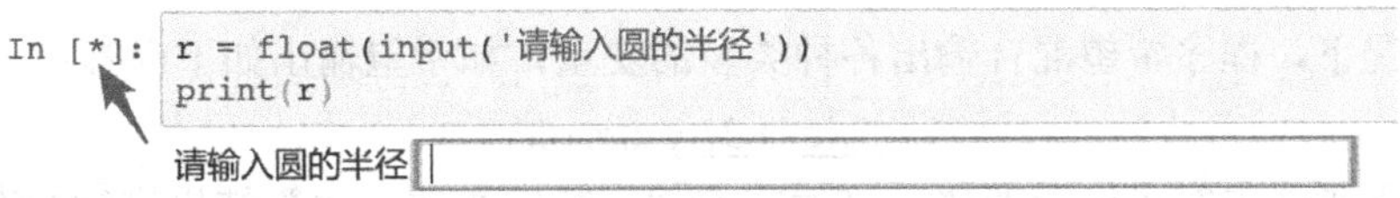

In [*]:
r = float(input('请输入圆的半径'))
print(r)
请输入圆的半径

图 2-6　运行 input 函数后等待用户输入

由于函数 input 返回的是字符串类型，而实际需要的是浮点数类型，因此使用类型转换函数 float 把字符串类型转换为浮点数类型。

函数 input 的提示性文字是可选的，程序可以不设置提示性文字而直接获取输入。

说明：Python 3 整合了函数 raw_input 和 input，不再使用函数 raw_input，仅保留后者（函数 input）。

如果输入多个整数，可以进行图 2-7 所示的处理。

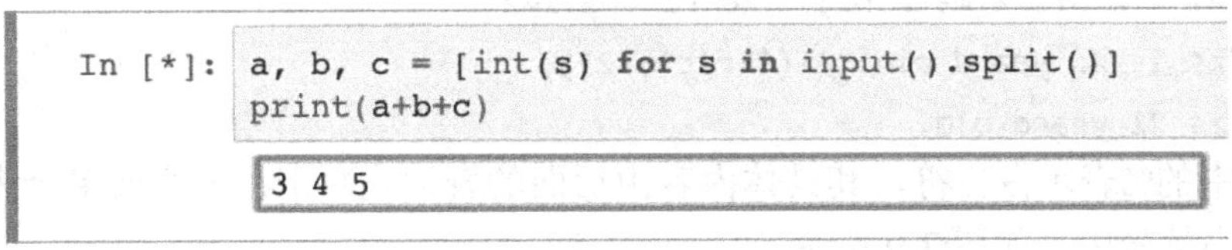

In [*]:
a, b, c = [int(s) for s in input().split()]
print(a+b+c)
3 4 5

图 2-7　一行输入多个整数

整个处理流程如下。

1）使用函数 input 把输入保存为字符串。

2）使用字符串方法.split 切分为列表，默认的切分符是空格。

3）在列表生成式中，使用函数 int 把字符串类型转换为整数类型。

4）把整数列表拆包为 3 个变量。

示意图如图 2-8 所示。

3 4 5
input
'3 4 5'
.split
['3' , '4' , '5']
int(s)
[3, 4, 5]
自动拆包
a
b
c

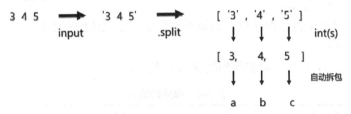

图 2-8　3 个整数的处理流程

如果一时无法理解上述流程，也不用担心，能“依样画葫芦”就行，例如需要把获取输入转换为 3 个浮点数时，只需把 int 改为 float，其他不变。

有时会使用函数 eval 和函数 input 来获取用户的输入，使用方式如下。

```
x = eval(input())
```

实际上，函数 eval 用来执行一个字符串表达式，并返回表达式的值，例如：

```
print( eval("3+4") )        # 7
x = 3
print( eval("pow(x,4)") )    # 81
```

2. 函数 print

很多情况下，程序希望混合输出各种类型的变量，如希望输出如下内容：

Eric is *21* years old.

其中，下画线内容可能会变化，这就需要使用特定函数的运算结果进行填充，最终形成上述格式的字符串作为输出结果。

历史悠久、影响广泛的 C 语言对后来的很多程序设计语言的设计产生了深远的影响，经典的输出函数 printf 也被移植到在 PHP 和 Java 中，在 Python 中也有类似的实现。Python 支持两种字符串格式化方法，这里先介绍类似 C 语言中 printf 函数的格式化方法，该方法与大多数 C 语言程序员的编程习惯相一致，使用示例如下。

```
import math


print("PI = %.3f" %(math.pi))   # PI = 3.142
print("%s is %d yeard old." %('Eric', 21))
# Eric is 21 yeard old.
```

字符串中的%表示占位符，其具体内容由后面的表达式决定，一个或多个表达式都需要放置在一对小括号中，如图 2-9 所示。

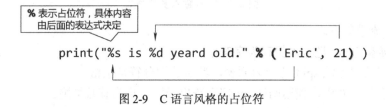

图 2-9　C 语言风格的占位符

这里介绍 3 种常用的占位符格式：

1）%d 表示十进制整数。

2）%.3f 表示浮点小数保留 3 位，如果不写数字，则默认保留 6 位。

3）%s 表示字符串。

程序在线评测（OJ）系统经常用到的输入如表 2-6 所示。

表 2-6　程序的输入

功能	代码实现
一行	s = input()
一个整数	n = int(input())
一个浮点数	x = float(input())
两个整数	a, b = [int(s) for s in input().split()]
两个浮点数	x, y = [float(s) for s in input().split()]

说明：函数 input 读取一行输入，返回的数据类型是字符串类型。在程序在线评测系统中，数字之间通常以空格分离。

程序在线评测系统经常用到的输出如表 2-7 所示。

表 2-7　程序的输出

功能	代码实现
字符串	print(s)
一个整数	print(n)
两个整数	print(a, b)　　　　　a 和 b 之间默认保留一个空格
两个整数	print(a, b, sep='')　　a 和 b 之间无空格
两个浮点数	print('%.3f %.3f' %(x, y))
字符串列表 L=['3','4','5']	print(' '.join(L))
数字列表 L=[3,4,5]	print(' '.join([str(i) for i in L]))

说明：

1）输出两个整数（不保留空格）也可以采用类似 C 语言风格的语句 print("%d%d" % (a,b))实现。

2）语句 print(' '.join(L))输出结果中的数字有空格。

3）语句[str(i) for i in L]是列表生成式，把数字转换为字符串后再输出。

2.8　小结

- 结构化程序由输入、处理和输出组成，简称为 IPO。
- 变量命名除了要符合标识符的命名规则外，还要避免使用 sum、max、min 等内置函数的名称。
- Python 的核心数据类型包括 3 个基本类型：整数、浮点数和字符串；3 个组合类型：元组（tuple，只读列表）、列表（list）、字典（dict）。
- Python 以缩进方式来标识代码块，同一个代码块中的语句必须保证相同的缩进空格数。
- Python 的整数类型取值范围是无限的，其实际取值范围是由可用内存决定的。
- 浮点数不能直接比较大小，C、C++、Java、Python 都是如此。如果两个浮点数的差值足够小，则可以认为这两个浮点数的值相等。
- 输入函数 input 返回的类型是字符串类型，可以使用类型转换函数获得相应的值。
- 程序评测系统提供了练习的平台，刷题是掌握程序设计核心技能的好办法。

2.9　习题

一、选择题

1. 以下选项中，不是 IPO 模型一部分的是＿＿＿＿＿＿＿。

A. Output　　　　　　B. Program　　　　　　C. Input　　　　　　D. Process

2. 关于 Python 变量，下列说法错误的是＿＿＿＿＿＿＿。

A. 变量不必事先声明，但需要区分大小写

B．变量无须先创建和赋值就可以直接使用

C．变量无须指定类型

D．可以使用 del 关键字释放变量

3．在一行上写多条 Python 语句使用的符号是_____。

A．分号　　　　　　　B．冒号　　　　　　　C．逗号　　　　　　　D．点号

4．关于 Python 注释，以下选项中描述错误的是_____。

A．注释语句不被解释器过滤掉，也不被执行

B．注释可以辅助程序调试

C．注释用于解释代码原理或者用途

D．注释可用于标明作者和版权信息

5．下列_____语句在 Python 中是非法的。

A．x = y = z = 1　　B．x = (y = z + 1)　　C．x, y = y, x　　D．x += y

6．使用一个还未赋予对象的变量的错误提示是_____。

A．NameError　　　　　　　　　　　　B．KeyError

C．SystemError　　　　　　　　　　　　D．ReferenceError

7．Python 使用缩进作为语法边界，一般建议使用_____缩进。

A．Tab　　　　　　　B．两个空格　　　　　C．4 个空格　　　　D．8 个空格

8．关于 Python 程序中与"缩进"有关的说法，以下选项中正确的是_____。

A．缩进是非强制性的，仅为了提高代码可读性

B．缩进在程序中长度统一且强制使用

C．缩进统一为 4 个空格

D．缩进可以用在任何语句之后，表示语句间的包含关系

9．Python 3 中，9/3.0 的结果是_____。

A．3　　　　　　　　B．3.0　　　　　　　　C．1.0　　　　　　　D．0

10．代码 a = 5/3+5//3; print(a) 的输出结果是_____。

A．2.666666666666667　　　　　　　　B．5.4

C．14　　　　　　　　　　　　　　　　D．3.333333

11．以下代码的运算结果为_____。

a=7

a*=7

A．1　　　　　　　　B．14　　　　　　　　C．49　　　　　　　　D．7

12．代码 x=3.1415926; print(round(x,2) ,round(x))的输出结果是_____。

A．2 2　　　　　　　B．3 3.14　　　　　　C．3.14 3　　　　　　D．6.28 3

13．以下 Python 标识符，命名不合法的是_____。

A．_Username　　　　B．5area　　　　　　C．str1　　　　　　D．__5print

14．代码 print(0.1+0.2= =0.3)的输出结果是_____。

A．false　　　　　　B．true　　　　　　　C．False　　　　　　D．True

15．Python 3 中获取用户输入并默认以字符串存储的函数是_____。

A．raw_input　　　　B．input　　　　　　C．raw　　　　　　　D．print

二、程序设计题

1．运用 Python 3 的整数除法和取余运算编写程序，计算 1234 秒相当于几分几秒，例如，132 秒相当于 2 分 12 秒。

2．3 个整数的和（P1387）。例如，输入 3、4、5，输出是这 3 个数的和 12。

3．3 个整数的平均数（P1084）。输入 3 个整数，输出它们的平均值，并保留 3 位小数。例如输入 1、2、4，输出是 2.333。

4．绝对值（P1091）。输入一个浮点数，输出它的绝对值，保留两位小数。例如输入为 −12.3456，输出为 12.35。

5．计算一元二次函数的值（P1313）。根据输入计算函数 $f(x)=2x^2+3x-4$ 的值。在本题中请使用双精度浮点数类型。例如输入为 2.00，则输出为 10.000。

6．温度转换（P1085）。1714 年，荷兰人华伦海特制定了华氏温标，他把一定浓度的盐水凝固时的温度定为 0°F，把纯水凝固时的温度定为 32°F，把标准大气压下水沸腾的温度定为 212°F，把凝固和沸腾之间的温度分为 180 等份，每一等份代表 1°F，这就是华氏温标。摄氏温标规定：在标准大气压下，冰水混合物的温度为 0℃，纯水的沸点为 100℃，中间划分 100 等份，每等份为 1℃。输入华氏温度 f，输出对应的摄氏温度 c，保留 3 位小数。华氏温度与摄氏温度转换公式为 c=5(f−32)/9。

7．计算圆柱体的表面积（P1166）。圆柱体的表面积由 3 部分组成：上底面积、下底面积和侧面积。公式：表面积=底面积×2+侧面积。根据平面几何知识，底面积=pi*r*r，侧面积=2*pi*r*h，pi 取 3.142。输入为底面半径 r 和高 h，输出为圆柱体的表面积，保留 3 位小数。例如输入为 3.5 和 9，则输出为 274.925。

第3章　流程控制

带着以下问题学习本章。

- 程序由哪3种基本结构组成？
- Python 中有 switch-case-break 语句吗？
- 什么是左闭右开原则？
- Python 如何区分语句块？
- Python 中的 for 循环有什么特点？
- 何时使用 while 语句？
- 哪两个语句可改变循环执行流程？
- 为何要使用异常？

3.1　分支结构的3种形式

根据不同的情况处理不同的问题，就需要用到分支结构（也称为选择结构）。Python 利用 if-else 语句来处理分支结构的问题。与 C、C++、Java 不同，Python 没有 switch-case-break 语句。if-else 语句主要有 3 种使用形式，下面通过几个小任务来详细介绍。

【任务1】求两个整数的较大值。

求两个整数的较大值。输入的是两个整数，输出的是其中较大的整数。

样例输入：3 5

样例输出：5

本题可以从多个角度去解决，这里使用单分支结构来处理。if 语句的基本结构 1——单分支结构，也就是只有 if，没有 else，这是最简单的一种形式。

【代码】

```python
a, b = [int(x) for x in input().split()]
max = a
if (b>max):
    max = b
print(max)
```

说明：上面的代码先假定较大值是 a，接着比较 b 和 max，如果 b>max，则通过赋值语句将 max 的值更新为 b。

提示：上述代码中第 3 行的小括号可省略，冒号不能省略。

图 3-1 所示是单分支结构的流程图。

图 3-1 中的语句并不一定是一条语句，也可以是多条语句。多个语句通过缩进就构成了语句块，也称为复合语句、代码块。语句块在语法上等价于单条语句。

说明：如果程序块中只有一条语句，可以写在一行，代码会显得更为紧凑。

```
if (b>max): max = b
```

求两个整数中的较大值还可以使用完整的 if-else 语句来编写代码，如下所示。

```
a, b = [int(x) for x in input().split()]
if (a>b):
    max = a
else:
    max = b
print(max)
```

这种写法的思路是 max 的可能值是 a 或 b，究竟是哪一个，由条件（a>b）决定。条件成立，则执行 max=a，否则执行 max=b。该写法体现了 if 语句的基本结构 2——双分支结构。

第 2～5 行代码可以简写为一行，如下所示。

```
max = a if (a>b) else b
```

双分支结构可以使用图 3-2 的流程图来表示。

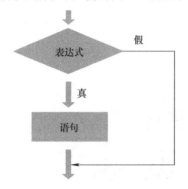

图 3-1　单分支结构流程图

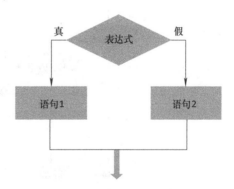

图 3-2　双分支结构流程图

【任务 2】P1007 简单分段函数的求值。

有一个分段函数，如下所示：

$$y = \begin{cases} x, & x < 1 \\ 2x - 1, & 1 \leqslant x < 10 \\ 3x - 11, & x \geqslant 10 \end{cases}$$

编写程序，输入 x，根据函数计算后，输出 y。输入和输出都是整数。

样例输入：14

样例输出：31

【代码】

```
x = int(input())
if (x<1):
    y = x
elif (x<10):
    y = 2*x-1
else:
    y = 3*x-11
```

```
print(y)
```

说明：在多分支结构中，除了 if 和 else 外，还出现了 elif。elif 用于处理多个分支的情况。
更多分支的代码框架如下所示。

```
if 表达式 1：
    语句 1
elif 表达式 2：
    语句 2
elif 表达式 3：
    语句 3
elif 表达式 4：
    语句 4
else：
    语句 5
```

多分支结构的流程图如图 3-3 所示。

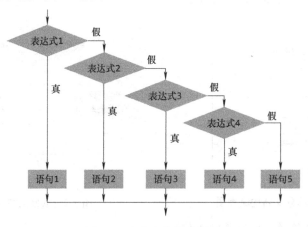

图 3-3　多分支结构流程图

本题也可以使用单分支结构的 if 语句，代码如下。

```
x = int(input())
if (x<1): y = x
if (x>=1 and x<10): y = 2*x-1
if (x>=10): y = 3*x-11
print(y)
```

采用单分支结构的 if 语句来处理多分支结构的问题时，要特别注意各个 if 语句的表达式应互斥，确保在任何情况下只执行其中的一条语句。

3.2　解释型语言的特点

高级语言按照计算机执行方式的不同可分成两类：静态语言和脚本语言。执行方式是指计算机执行一个程序的过程中，静态语言通过编译执行，脚本语言通过解释执行。

C、C++语言是静态语言，编译器将 C 语言源代码转换成目标代码，计算机才能运行目标代码。

　　Python 是脚本语言，由解释器将源代码逐条转换成目标代码，同时逐条运行目标代码。图 3-4 所示为程序的解释和执行过程，高级语言源代码与输入数据一同输入到解释器，解释器随后输出运行结果。

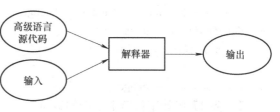

图 3-4　程序的解释和执行过程

　　解释和编译的区别在于：编译是一次性地翻译，一旦程序被编译，以后就不再需要编译程序或者源代码；解释则在每次程序运行时都需要解释器和源代码。这两者的区别类似于外语资料的翻译和实时的同声传译。

　　解释器只转换执行到的代码，即使代码中包含明显的语法错误，只要这些代码没有运行到，就不会显示错误。如图 3-5 所示，左边代码的 else 部分由于未执行到，所以能正常运行，不显示任何错误；而右侧的代码，包含了未定义的变量，解释器就提示 "NameError"。

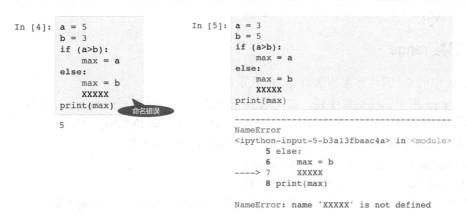

图 3-5　解释器只转换执行到的代码

　　在编写完包含分支结构的代码时，要及时测试各个分支的执行情况。

3.3　for 循环

　　Python 提供了各种控制结构，允许更复杂的执行路径。循环语句允许多次执行一条语句或一个语句块。Python 提供了 for 循环和 while 循环，没有提供 do-while 循环。

3.3.1　遍历容器

　　for 循环最常见的用途就是遍历容器，包括列表、元组、集合、字典等，字符串也可以认为是包含单个字符的容器。列表、元组的元素是有序的，集合、字典中的元素是无序的。

　　下面通过两个任务展示 for 循环的使用。

　　【任务 1】遍历字符串组成的列表。

　　列表为['banana', 'apple', 'mango']。

【代码】

```
fruits = ['banana', 'apple', 'mango']
for fruit in fruits:
    print(fruit, end=' ')


# banana apple mango
```

【任务 2】统计字符串中字母的数量。

字符串为"Python, PHP and Perl"，字母包括 A~Z、a~z。

【代码】

```
text = "Python, PHP and Perl"
tot = 0                          # 初始化计数器
for ch in text:
    if ch.isalpha():             # 字符 ch 是不是字母
        tot += 1
print(tot)                       # 16
```

3.3.2 函数 range

Python 中的 for 循环常常和函数 range 联系在一起。

函数 range 用于生成整数序列，如生成 10 以内的奇数，可以写成 range(1,10,2)。

说明：在 Python 2 中，函数 range 返回的是一个列表；在 Python 3 中，该函数返回的是 range 对象，无法直接看到结果，可通过将对象转换为列表来查看。

```
list(range(1,10,2)) # [1, 3, 5, 7, 9]
list(range(0,10,2)) # [0, 2, 4, 6, 8]
```

函数 range 的原型如下。该函数返回的是对象（range object），并不是列表。

```
range(stop) -> range object
range(start, stop[, step]) -> range object
```

上面代码的第 2 种形式中，第 1 个参数（start）是初始值，第 2 个参数（stop）是终止值，第 3 个参数（step）是步长。这种形式采用的是"左闭右开"的形式，即包括 start，但不包括 stop。这样设计的目的在于：在 C 语言和受 C 语言影响的很多程序设计语言（如 C++、Java、PHP 等）中，数组的下标是从 0 开始的，数组 a 的前 10 个数是 a[0]~a[9]，而不是 a[1]~a[10]。

当只有一个参数时，表示初始值为 0，步长为 1，例如，range(10)生成的序列是从 0 开始的小于 10 的整数，也就是 0~9。

常用序列的表示如表 3-1 所示。

表 3-1　常用序列的表示

序列	Python	C、C++、Java
[0,1,2,···,9]	range(10)	for (i=0; i<=9; i++)
[0,1,2,···,n-1]	range(n)	for (i=0; i<n ; i++)
[n-1, ···,1,0]	range(n-1, -1, -1)	for (i=n-1; i>=0; i--)
[1,2,···,n]	range(1, n+1, 1)	for (i=1; i<=n; i++)

（续）

序列	Python	C、C++、Java
[1,2,3,4 …]	import itertools for i in itertools.count(1):	for (i=1; ; i++)
小于 n 的奇数	range(1, n, 2)	for (i=1; i<n ; i=i+2)
所有奇数	import itertools for i in itertools.count(1,2):	for (i=1; ; i=i+2)

说明：[1,2,3,4 …]表示所有正整数，使用 itertools 库中的 count 函数来实现。

【任务 1】输出 1+2+…+100 的结果。

这个问题有很多种解法，这里采用累加的方式实现，累加 3 个数的示意图如图 3-6 所示。

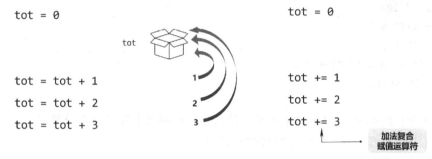

图 3-6 累加 1、2、3 的示意图

提示：这里的变量名没有使用 sum，是由于在 Python 中，sum、max、min 等是内置函数，不建议作为变量名使用。

如图 3-7 所示，把 i 遍历[1, 100]区间写为 "for i in range(1, 101):"。

```
tot = 0                tot = 0                   tot = 0
tot = tot + 1          tot = tot + i  i [1,100]   for i in range(1, 101):
tot = tot + 2                                         tot  += i
...
tot = tot + 100
```

图 3-7 累加 1～100 的代码转换

【代码】

```
tot = 0
for i in range(1, 6):
    tot = tot + i
print(tot)  # 15
```

如果使用复合运算符，并且求 1～100 之和，Python 代码如下。

```
tot = 0
for i in range(1, 101):
    tot  += i
print(tot)  # 5050
```

上述 Python 代码的缺点是不直观，明明是求 1～100 的和，在代码中却出现了数字 101。

由于求和运算很常用，因此 Python 提供了内置函数 sum 来求和。

```
print(sum(range(1, 100+1)))
```

【任务 2】P1016 水仙花数。

水仙花数是指一个三位数，其各位数字的立方和等于其本身。例如，153 是水仙花数，因为 $1^3+5^3+3^3$=1+125+27=153。水仙花数共有 4 个，编写程序，输出这 4 个水仙花数。

【方法】

设三位数为 i，将这个三位数的百位数、十位数和个位数分别保存在变量 a、b、c 中，再判断 $a^3+b^3+c^3$ 是否等于 i。让 i 遍历整个三位数空间 100~999，就能找出所有的水仙花数。这种方法称为穷举法。

【代码】

```
for i in range(100,1000):
    a = i//100
    b = i//10%10
    c = i%10
    if (i==a*a+a+b*b*b+c*c*c):
        print(i)
```

说明：

1）第 2 行：Python 3 中使用//表示整数除法，两个整数相除的结果是整数。

2）分支语句也可以写为 i= =a**3+b**3+c**3。

3）特别要注意空格缩进。

3.3.3　多重循环：九九乘法表和水仙花数

本小节通过九九乘法表和水仙花数两个任务来掌握多重循环的使用。

（1）九九乘法表

【任务】输出九九乘法表，显示如下。

```
1x1= 1
1x2= 2 2x2= 4
1x3= 3 2x3= 6 3x3= 9
1x4= 4 2x4= 8 3x4=12 4x4=16
1x5= 5 2x5=10 3x5=15 4x5=20 5x5=25
1x6= 6 2x6=12 3x6=18 4x6=24 5x6=30 6x6=36
1x7= 7 2x7=14 3x7=21 4x7=28 5x7=35 6x7=42 7x7=49
1x8= 8 2x8=16 3x8=24 4x8=32 5x8=40 6x8=48 7x8=56 8x8=64
1x9= 9 2x9=18 3x9=27 4x9=36 5x9=45 6x9=54 7x9=63 8x9=72 9x9=81
```

【方法】先解决简单问题，如输出某一行。

这里先考虑输出第 5 行，显示结果如下。

```
1x5= 5 2x5=10 3x5=15 4x5=20 5x5=25
```

代码很容易就能写出，如下所示。

```
i = 5
for j in range(1, i+1):
    print("%dx%d=%2d " % (j, i, j*i), end='')
```

```
print("")
```

函数 print 默认在输出的内容后添加换行符，如果不希望换行，则将参数 end 赋值为空串。

【代码】

```
for i in range(1, 10):
    for j in range(1, i+1):
        print("%dx%d=%2d " % (j, i, j*i), end='')
    print()
```

（2）水仙花数

【方法】

3.3.2 小节中求水仙花数的程序是从分拆三位数为 3 个个位数的角度来进行的，还可以从组合 3 个个位数为三位数的角度来求水仙花数。

【代码】

```
for a in range(1, 10):
    for b in range(0, 10):
        for c in range(0, 10):
            i = 100*a+10*b+c
            if (i==a*a*a+b*b*b+c*c*c):
                print(i)
```

3.4 罗塞塔石碑语言学习法

罗塞塔石碑（Rosetta Stone）是一块制作于公元前 196 年的花岗岩石碑，其上刻有古埃及法老托勒密五世的诏书，如图 3-8 所示。由于这块石碑同时刻有同一段内容的 3 种不同语言版本，使得近代的考古学家得以有机会对照各语言版本的内容，解读出已经失传千余年的埃及象形文的意义与结构。它成为今日研究古埃及历史的重要依据。

探索罗塞塔石碑上的语言奥秘给了人们学习语言的启示，就是依托原有的语言基础去学习新的语言，能大大提高学习效率。从本质上来说，这种方法结合了对比法和任务法的优点。

在互联网上，有一个根据这一启示而创建的特色网站——罗塞塔代码网（http://www.rosettacode.org）。该网站的特点是对于同一

图 3-8　罗塞塔石碑

个任务，使用尽可能多的程序设计语言去完成，从而展示各种语言之间的相似之处和不同点。罗塞塔代码网涉及几百种程序设计语言。由于语言有特定的应用领域，因此并不是每个任务都能用所有的程序设计语言来完成。

这里对计算 1～100 的和这个问题分别展示了 C 语言、Java、PHP、Python、Swift 等不同程序设计语言的具体实现。

【C 语言】

```
#include<stdio.h>
```

```c
int main(int argc, char *argv[])
{
    int i, sum = 0;
    for (i=1; i<=100; i=i+1)
        sum = sum + i;
    printf("%d\n", sum);
    return 0;
}
```

说明：C 语言是最早获得大规模应用的主流编程语言，它启发了 Java、PHP、C#、Python 等众多语言的设计。

【Java】

```java
class Main
{
    public static void main(String[] args)
    {
        int i, sum = 0;
        for (i=1; i<=100; i++)
            sum = sum + i;
        System.out.printf("%d\n", sum);
    }
}
```

说明：除了输出语句外，其他和 C 语言是完全一致的。

【PHP】

```php
<?php
    $sum =0;
    for ($i=1; $i<=100; $i=$i+1)
        $sum = $sum + $i;
    printf("%d", $sum);
?>
```

说明：除变量名称前面多了符号$外，其他和 C 语言完全一致。

使用 PHP 中的增强型循环 foreach 的代码如下。

```php
<?php
    $sum =0;
    foreach (range(1,100) as $i)
        $sum = $sum + $i;
    printf("%d", $sum);
?>
```

说明：PHP 的 range 函数与 Python 的 range 函数略有区别。

【Python】

```python
sum = 0
for i in range(1, 101):
```

```
    sum = sum + i
print(sum)
```
说明：特别注意，Python 的 range 函数是左闭右开的。

【Swift】
```
var sum = 0
for i in 1...100
{
    sum = sum + i
}
print(sum)
```
说明：1…100 是闭区间，1…<100 与 Python 的 range 函数类似，是左闭右开的。

在学习一门新的程序设计语言时，建议将该语言与已经掌握的语言做对比，这样学习起来会更快速有效。如果在学习和工作中需要用到多门语言，那么在编写时应尽量使用多种语言的共性。

3.5 while 循环和流程图

Python 也提供了 while 循环。while 循环是基于条件判断的循环，适合解决非序列问题，这类问题适合用流程图来表示。

【任务】P1103 3n+1 问题。

对于任意大于 1 的自然数，若 n 为奇数，则将 n 变为 3n+1，否则将 n 缩小一半。经过若干次这样的变换，一定会使 n 变为 1。例如 3→10→5→16→8→4→2→1。

3n+1 问题首先使用流程图来表示，然后将流程图改写为 while 循环，如图 3-9 所示。

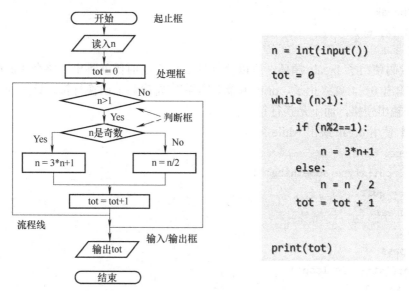

图 3-9 3n+1 问题的流程图和代码对照

变量 tot 是 total 的缩写，它所起的是计数器的作用，使用前一定要将其初始化为 0。当 n 不为 1 时，根据 n 的奇偶性进行变换，每变换一次，计数器递增 1。表达式 n%2==1 用来判断 n 是否为奇数，判断奇偶性也是取余运算的常见应用。

使用 while 循环计算 1~100 之和的代码如下。

```
tot = 0
i = 1
while i<101:
    tot += i
    i = i + 1
print(tot)  # 5050
```

再回顾一下 for 循环的代码：

```
for i in range(1, 101):
    tot  += i
```

与 for 循环相比可以发现，在 while 循环中，序列的初始化、比较、递增分布在 3 个地方，因此代码不够简洁，也不容易理解，所以不推荐使用 while 循环进行序列计算。

小结：能表达为序列的问题使用 for 循环，除此之外用 while 循环。

3.6 改变循环执行流程：break 和 continue

Python 使用关键字 break 跳出整个 for 循环，使用 continue 跳出本次循环。

【示例 1】使用 break 跳出整个 for 循环。

```
for x in range(10):
    if x==5:
        break
    print(x, end=' ')
# 0 1 2 3 4
```

上面的代码使用了 break 循环，所以执行到 x==5 的时候就跳出了整个 for 循环，因此 print 函数只输出 0~4 就终止了。print 函数默认在字符串后输出换行符，这里通过设置参数 end 为空格来输出空格，而不是换行符。

【示例 2】使用 break 跳出 while 循环。

```
while True:
    s = input('type something:')
    if s=='quit':
        break
    else:
        pass
    print('still in loop')
print ('End.')
```

代码循环执行，直到用户输入字符串"quit"才结束，运行过程如图 3-10 所示。

```
type something:Python
still in loop
type something:Programming
still in loop
type something: quit
```

图 3-10 在 Jupyter Notebook 中演示使用 break 跳出 while 循环

【示例 3】使用 continue 跳出本次循环。

```
for x in range(10):
    if x==5:
        continue
    print(x, end=' ')


# 0 1 2 3 4 6 7 8 9
```

在 x==5 时，使用 continue 提前结束本次循环，直接进入下一次循环，因此 print 语句没有输出 5。

使用 continue 能够减少一层 if-else 的嵌套。continue 语句在程序中的使用频率远远不如 break 语句，有些编程语言甚至没有这个关键字。上述代码也可以进行如下的改写。

```
for x in range(10):
    if (x!=5):
        print(x, end=' ')
```

3.7　程序的异常处理

编译时产生的非正常事件为错误，运行时产生的非正常事件为异常。异常的产生可能是程序本身的设计问题，也可能是外部的原因，如网络中断无法打开网页。异常若不处理，程序默认的处理方式是崩溃，并给出崩溃原因提示。

```
a =1/0
Traceback (most recent call last):
  File "<stdin>", line 1, in <module>
ZeroDivisionError: division by zero
```

上述代码尝试给变量 a 赋初值，由于除数的值为 0，导致了异常 ZeroDivisionError 的产生。程序中一旦产生了异常，代码就无法继续向下执行，从而引起程序崩溃，造成较差的用户体验，因而异常的处理非常重要。

异常的处理主要分为两大类，一类是捕获异常，另一类是抛出异常。

在 C++和 Java 中，使用 try-catch 来处理异常。Python 使用 try-except 处理异常，try 语句块中存放可能出错的代码，except 语句捕获异常信息并处理。

```
try:
    a=1/0
    print('我可以执行到吗')
except ZeroDivisionError as error:
    print(error)
```

运行这段代码，可以看到输出异常信息"division by zero"，而"我可以执行到吗"并不会输出。try-except 语句在上述代码中的执行流程如下。

1）首先，执行 try 语句块中的代码 a=1/0。

2）发生异常，忽略 try 语句块中的剩余语句 print('我可以执行到吗')。

3）判断异常是否为 ZeroDivisionError 异常。若是，执行语句 print(error)，否则将异常交给上一级代码处理。若上一级代码没有处理，程序崩溃。

ZeroDivisionError 是常见的异常之一，表示除数为 0 时发生的异常。

Python 中的常见异常如表 3-2 所示。

表 3-2 Python 中的常见异常

异常名称	描述	异常名称	描述
Exception	常规错误的基类	NameError	未声明/初始化对象
ArithmeticError	数值计算错误的基类	UnboundLocalError	访问未初始化的变量
ZeroDivisionError	除（或取模）零	SyntaxError	Python 语法错误
AttributeError	对象没有这个属性	IndentationError	缩进错误
IOError	输入/输出操作失败	TabError	Tab 和空格混用
IndexError	序列中没有此索引	TypeError	对类型无效的操作
KeyError	映射中没有这个键		

一个 try 语句后面可以接多个 except 语句，用于捕获多个异常。

```
try:
    语句块 1
except 异常 1:
    语句块 2
except 异常 2:
    语句块 3
...
except 异常 n:
    语句块 n+1
else:
    没有异常语句
```

上述代码执行流程如下。

1）运行 try 中的语句块 1，查看是否产生异常。若无异常，执行 else 语句块"没有异常语句"，else 语句块可以省略。

2）若语句块 1 产生异常，查看异常类型是否为异常 1 类型。若为异常 1，执行语句块 2，异常处理结束。

3）若异常类型不为异常 1 类型，则向下判断异常类型是否为异常 2 类型。若为异常 2，则执行语句块 3，异常处理结束，否则继续向下判断异常类型，以此类推。

4）若语句块 1 产生的异常不属于异常 1 到异常 n 类型，则异常交给上一级代码处理。若上一级代码没有处理，程序崩溃。

上述多个异常也可以用元组（tuple）组织起来，如下所示。

```
try:
    语句块 1
except (异常 1, 异常 2,…, 异常 n) as error:
    print(error)
```

try-except-finally 语句表示无论 try 语句是否产生异常，都必须执行 finally 语句，例如文件打开后要及时关闭。

```
try:
    f=open(r'c:/study/a.txt')
    s=f.read()
except IOError as error:
    print(error)
finally:
    f.close()
```

上述代码可以用 with 语句优化，如下所示。

```
with open(r'c:/study/a.txt') as f:
    s= f.read()
```

当程序出现错误时，Python 会自动引发异常，也可以通过 raise 语句显示引发异常。一旦执行了 raise 语句，raise 后面的语句将不再执行。

```
a=int(input())
b=int(input())
if b==0 :
    raise Exception('除数不能为 0')
else :
    c=a/b
    print(c)
```

除数不为 0，运行程序后输出 c 的值，否则输出如下的异常信息。

```
Traceback (most recent call last):
  File "test1.py", line 5, in <module>
    raise Exception('除数不能为 0')
Exception: 除数不能为 0
```

3.8　小结

- 分支结构有 3 种基本形式，Python 没有 switch-case 语句。
- for 循环用于遍历序列，函数 range 可生成指定区间的序列。
- 罗塞塔石碑语言学习法结合了任务驱动和对比学习的优点，提高了学习编程语言的效率。
- 能表达为序列的问题使用 for 循环，除此之外用 while 循环。
- Break 用于跳出整个 for 循环，continue 用于跳出本次循环。
- Python 使用 try-except-finally 结构来处理异常，使用 raise 抛出异常。

3.9 习题

一、选择题

1. 下列代码的运行结果是_____。

```
num = 5
if num > 4:
  print('num greater than 4')
else:
  print('num less than 4')
```

A. num greater than 4　　　　　　　B. num less than 4

C. True　　　　　　　　　　　　　　D. False

2. 在 Python 中实现多路分支的最佳结构是_____。

A. if-elif-else　　　B. if　　　C. while　　　D. if-else

3. 表达式 sum(range(5)) 的值为_____。

A. 9　　　　　B. 10　　　　C. 11　　　　D. 12

4. 执行 arr=list(range(0,6,3))之后，arr 的值为_____。

A. [0,3,6]　　　B. [0,3]　　　C. [0,1,2,3]　　　D. [3,4,5]

5. 以下选项中能够实现 Python 循环结构的是_____。

A. loop　　　B. do...while　　　C. while　　　D. if

6. 下面代码的输出结果是_____。

```
for i in "Python":
    print(i, end=" ")
```

A. Python　　　　　　　　　　　　B. P y t h o n

C. P,y,t,h,o,n,　　　　　　　　　　D. P　 y　 t　 h　 o　 n

7. _____可以用于测试一个对象是否是一个可迭代对象。

A. in　　　B. type　　　C. for　　　D. while

8. 给出下面代码，代码执行时，从键盘获得 a、b、c、d，则代码的输出结果是_____。

```
a = input("").split(",")
x = 0
while x < len(a):
    print(a[x] end="")
    x += 1
```

A. 执行代码出错　　　B. abcd　　　C. a,b,c,d　　　D. 无输出

9. 关于 Python 循环结构，以下选项中描述错误的是_____。

A. 每个 continue 语句只能跳出当前层次的循环

B. break 用于跳出最内层的 for 或者 while 循环，脱离该循环后，程序继续执行后续循环代码

C．遍历循环中的遍历结构可以是字符串、文件、组合数据类型和 range 函数等

D．Python 通过 for、while 等关键字提供遍历循环和无限循环结构

10．下面代码的输出结果是＿＿＿＿＿。

```python
for s in "Hello,World":
    if s==",": break
    print(s, end="")
```

A．HelloWorld　　　　　B．Hello　　　　C．World　　　　D．Hello,World

11．关于程序的异常处理，以下选项中描述错误的是＿＿＿＿＿。

A．程序异常发生后经过妥善处理可以继续执行

B．Python 通过 try-except 等提供异常处理功能

C．异常语句可以与 else 和 finally 配合使用

D．编程语言中的异常和错误是完全相同的概念

12．下列 Python 关键字中，在异常处理结构中用来捕获特定类型异常的是＿＿＿＿＿。

A．while　　　　　　　B．except　　　　C．pass　　　　D．def

二、程序设计题

1．分段函数（P1055）。有一个函数如下所示，输入 x（浮点数），输出 y 值（保留两位小数）。例如输入 2.00，输出为 3.00。

$$y = \begin{cases} x & (x < 1) \\ 2x - 1 & (1 \leqslant x < 10) \\ 3x - 11 & (x \geqslant 10) \end{cases}$$

2．判断输入的整数是否是 6 的倍数（P1330）。若是，显示 "Right!" 和 "Great!"，否则显示 "Wrong!" 和 "Sorry!"。

3．成绩转换：百分制转换为字母（P1008）。给出一个百分制成绩，要求输出成绩等级。90 分以上为 A，80～89 分为 B，70～79 分为 C，60～69 分为 D，60 分以下为 E。

4．判断能否构成直角三角形（P1231）。输入三角形的三边长度值（均为正整数），判断它是否能构成直角三角形的 3 个边长。如果可以，则输出 "yes"；如果不能，则输出 "no"。

5．计算学分绩点（P1099）。学分绩点的计算规则如下：成绩 100 分，绩点为 5；90～99 分之间，绩点为 4；80～89 分之间，绩点为 3；70～79 分之间，绩点为 2；60～69 分之间，绩点为 1；0～59 分之间，绩点为 0。

6．四区间分段函数的计算（P1065）。函数如下，输出保留两位小数。

$$f(x) = \begin{cases} |x|, & x < 0 \\ (x+1)^{1/2} & 0 \leqslant x < 2 \\ (x+2)^5 & 2 \leqslant x < 4 \\ 2x + 5 & x \geqslant 4 \end{cases}$$

7．数字转换成星期（P1236）。输入一个数字（1～7），输出对应的星期；输入其他的数字，则输出 Error。例如：输入 1，输出 Monday；输入 2，输出 Tuesday；输入 8，输出 "Error"。

8．判断某人的体重（P1332）。输入是浮点数，表示某人的体重。若所输入的体重大于 0 且小于 200，则判断该体重是否在 50～55kg 之间，若在此范围之内，显示"Yes"，否则显示"No"；若所输入的体重不大于 0 或不小于 200，则显示"Data over!"。

9．求 1～n 之间所有奇数的和（P1307），n 由键盘输入。例如，1～8 之间的所有奇数为 1、3、5、7，这些数的和是 16。

10．求 m 和 n 之间所有能被 3 整除的数之和（P1308），输入自然数 m 和 n（m<n），求这两个数之间（包含 m 和 n）所有能被 3 整除的数之和。例如，m=20、n=30，这两个数之间所有能被 3 整除的数为 21、24、27、30，这些数的和为 102。

11．计算等差输入前 n 项的和（P1057），等差数列为 2，5，8，11，…，n 由键盘输入。当 n 为 3 时，前 3 项为 2、5、8，应该输出 15。

12．求 1～n 的平方和（P1105），也就是 $1^2+2^2+3^2+\cdots+n^2$ 的值，n 由键盘输入，不超过 100。当 n=3 时，结果是 14。

13．求 1～n 的立方和（P1160），也就是 $1^3+2^3+3^3+\cdots+n^3$ 的值，n 由键盘输入，不超过 100。当 n=3 时，结果是 36。

14．求出所有独特平方数（P1364）。3025 这个数具有一种独特的性质：将它平分为二段，即 30 和 25，使之相加后求平方，即 $(30+25)^2=55^2=3025$，恰好为 3025 本身。求出具有这样性质的全部四位数。

15．求二元一次方程 2x+5y=100 的所有正整数解（P1159）。通常二元一次方程有无穷多个解，但在限定了条件后，如本题中限定了 x 和 y 必须是正整数，解的个数就是有限的。输出该方程的所有解，每行输出一组解，两个数之间以空格来分隔。

第 4 章 字 符 串

带着以下问题学习本章。

- Python 中有单字符类型吗？
- 什么是转义符？有哪些常见的转义符？
- 何时需要使用 raw 字符串？
- 切片仅限于字符串吗？
- 有哪些能在字符串中搜索的方式？
- 如何实现列表中字符串的合并？
- 字符串的两种主要格式化方式有什么特点？

4.1 字符串的基本知识

字符串（String）是由零个或多个字符组成的有限序列，用于表示文本。和 C、C++、Java 等程序设计语言不同，Python 没有字符类型，字符只是一个符号，如字母（A～Z）、数字（0～9）、特殊符号（～、!、@、#、￥、%、…）等。单个字符在 Python 中被认为是只包含一个字符的字符串。

4.1.1 字符串界定符：单引号、双引号和三重引号

创建字符串有两种方式：使用引号（单引号、双引号和三重引号）或使用类型转换函数 str。

```
s = 'Python'
print(s)                # Python
print(type(s))          # <class 'str'>
pwd = str(123456)
print(pwd)              # 123456
```

单引号和双引号的作用是完全一致的。在本书中，通常使用单引号。如果要表示的字符串中包含了单引号，则用双引号，反之亦然。

```
print("I'm Eric.")
# I'm Eric.
print('Francis Bacon said: "knowledge is power".')
# Francis Bacon said: "knowledge is power".
```

如果字符串内既有单引号，也有双引号，或者字符串很长，此时可以使用三重引号。

4.1.2 使用反斜杠转义

先来看如下的代码示例。

```
print('Hello\nPython')
print('Python\tJava\tC++')
```

代码的输出如下。

```
Hello
Python
Python  Java    C++
```

代码中的\n 和\t 称为转义序列，前者表示换行，后者表示制表符。

编程语言拥有转义字符主要有两个原因：

1）使用转义字符来表示 ASCII 码里面的控制字符及回车换行等字符，这些字符都没有现成的文字代号。

2）某些特定的字符在编程语言中被定义为特殊用途的字符，在键盘上找不到相应的输入。

常用的转义符还有 \、'、"，分别表示反斜杠、单引号和双引号。

转义字符\n 表示换行，在 ASCII 表中的值为 10（十进制），由于表示的是一个字符，所以长度为 1，下面的代码说明了这一点。

```
s = '\n'
print(len(s))   # 1  函数 len 返回字符串的长度
print(ord(s))    # 10 函数 ord 返回对应的 ASCII 数值或 Unicode 数值
```

4.1.3　抑制转义使用 raw

转义字符有时会带来一些麻烦。如图 4-1 所示，Python 新手有时会尝试这样打开文件。

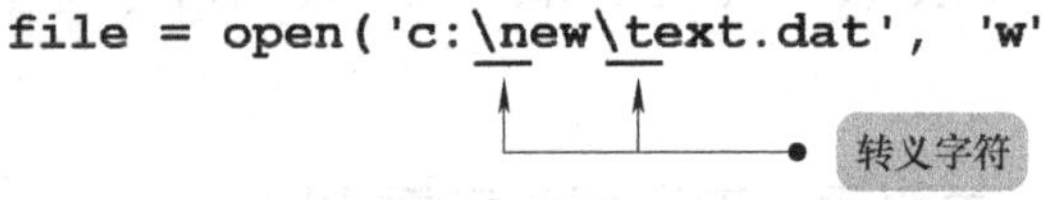

图 4-1　转义字符 \n 和 \t

由于文件名包含了两个转义字符\n 和\t，使得系统获得的文件名和期望不一致，可以编写代码来测试上述文件名的实际表示，如下所示。

```
s = 'c:\new\text.dat'
print(s)
```

代码的输出如下。

```
c:
ew ext.dat
```

此时有两种方法可以解决以上问题：使用两个反斜杠；使用 raw 字符串。代码如下。

```
s1 = 'c:\\new\\text.dat'
print(s1)   # c:\new\text.dat

s2 = r'c:\new\text.dat'   # 使用 raw 字符串抑制转义
print(s2)   # c:\new\text.dat
```

如果字母 r 出现在字符串的第一个引号的前面，表示关闭转义机制，Python 会将反斜杠作为常量来保持。

除了用于表示 Windows 的文件路径外，raw 字符串在正则表达式中也很常见。

4.2　序列的索引和切片 ★

字符串、元组和列表都是序列。这里主要以字符串为代表来展示序列索引和切片的使用。

获取序列中的某个元素称为索引。就字符串而言，索引用于检索字符串中的某个字符。下面的代码展示了字符串索引的使用。

```python
s = 'Hello,Python'
print(len(s)) # 字符串的长度为 12
print(s[0])   # H
print(s[1])   # e
print(s[6])   # P
print(s[11])  # n
print(s[-1])  # n 字符串长度 + （-1） = 11
print(s[-2])  # o
```

与 C 语言一样，Python 的偏移量是从 0 开始的。与 C 语言不同的是，Python 还支持使用负偏移的方法从序列中获取元素。负偏移是指从结尾反向计数，s[-1]表示字符串的倒数第 1 个字符，负偏移值与字符串的长度相加后得到正的偏移值。

Python 3 的字符串以 Unicode 编码，对中文的支持很好。英文字符和中文字符都认为是一个字符，如下所示。

```python
sc = '中国人'
print(sc[0])   # 中
print(sc[1])   # 国
print(sc[-1])  # 人
```

检索序列的某个子区域称为切片（Slice）。索引值可理解为刀"切下"的位置，如图 4-2 所示。

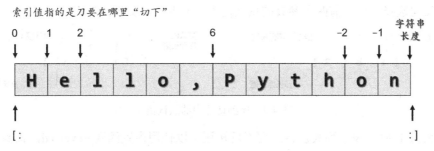

图 4-2　序列切片中的索引

切片的使用很简单，最多"两刀"就能切出想要的字符串，如下所示。

```python
s = 'Hello,Python'
print(s[2:6])  # llo,
print(s[0:5])  # Hello
print(s[ :5])  # Hello    省略第 1 个索引，默认为 0
print(s[6:12]) # Python
```

```
print(s[6: ])   # Python 省略第 2 个索引，默认为字符串的长度
print(s[ : ])   # Hello,Python 整个字符串
```

如果不是取中间部分，则切一刀（提供一个索引）即可，如从开头到中间或从中间至结尾。如果两个索引值都省略，就相当于引用整个字符串。

序列最常用的场景如下。

```
L = [1, 2, 3, 4, 5, 6, 7, 8, 9]
a, b, c = L[:3]    # a = 1 b = 2 c = 3
x, y, z = L[-3:]   # x = 7 y = 8 z = 9
```

上述代码将列表的前 3 个值保存到变量 a、b、c，把最后 3 个值保存到变量 x、y、z。

如果要求最大的 3 个值，可以这样写：

```
L = [1, 2, 3, 4, 5, 6, 7, 8, 9]
L[-3:][::-1]        # [9, 8, 7]
```

L[-3:]表示获取到[7, 8, 9]，[::-1]表示列表的反转，这样就得到[9, 8, 7]。

从 Python 2.3 版本开始，切片表达式增加了第 3 个参数：步长。使用第 3 个参数的方式称为扩展切片。字符串很少使用这种方式，下面以列表为例展示其用法，代码如下。

```
L = [1, 2, 3, 4, 5, 6, 7, 8, 9]
n = len(L)

print(L[0:n:2])     # [1, 3, 5, 7, 9]   从索引 0 等距选择
print(L[ :n:2])     # [1, 3, 5, 7, 9]   省略第 1 个参数
print(L[ : :2])     # [1, 3, 5, 7, 9]   省略前两个参数，含义同下
print(L[::2])       # [1, 3, 5, 7, 9]   常用写法

print(L[1::2])      # [2, 4, 6, 8]      从索引 1 等距选择
print(L[:-2:2])     # [1, 3, 5, 7]      从索引 0 至倒数第 2 个位置等距选择
```

序列的扩展切片写法中必须有两个冒号，L[::2]实际上是 L[: :2]的简写。步长可为负值，表示反向选择，此时前两个参数的默认值也相应变化，如图 4-3 所示。

图 4-3　序列切片中的默认值

当步长为-1 时，表示列表反转。列表反转还可以使用内置函数 reversed，该函数返回的是迭代器，需要把迭代器转换为列表后才能输出。列表反转的代码如下。

```
print(L[::-1])               # [9, 8, 7, 6, 5, 4, 3, 2, 1] 逆序
print(list(reversed(L)))     # [9, 8, 7, 6, 5, 4, 3, 2, 1] 逆序，常用
```

4.3　字符串的基本操作

字符串是 Python 最常用的数据类型之一，Python 的字符串对象支持大量的字符串操

作，如连接字符串、遍历字符串等。

4.3.1 序列操作

所有的序列（如字符串、列表）都支持以下的基本操作。

- +：连接两个序列。
- *：重复序列元素。
- in：判断元素是否在序列中。
- min/max：返回最小值/最大值。
- len：返回序列长度。

（1）连接字符串

少数几个字符串的合并，可以采用操作符"+"来连接。

```
print('Hello ' + 'Python')        # 'Hello Python'
```

操作符+不会将数字或其他类型数值自动转换为字符串形式，需要通过函数 str 将值转换为字符串形式，以便它们可以与其他字符串组合，示例代码如下。

```
year = 2008
print('Python 3.0 was released in '+ str(year))
# Python 3.0 was released in 2008
```

（2）重复字符串

操作符*用于以指定的次数来重复字符串，下面的代码打印了一条分隔线。

```
print('-' * 40)
# ----------------------------------------
```

（3）最大值/最小值

字符串中的每个字符在计算机中都有对应的 ASCII 码。函数 min 和 max 就是根据对应字符的 ASCII 码进行比较的，从而获取最小值和最大值对应的字符。Python 提供了两个内置函数 ord 和 chr，用于字符和 ASCII 码之间的转换。

```
s = 'Python'
print(max(s), min(s))    # y P
```

（4）字符串成员测试

关键字 in 测试字符串中是否包含指定的子串。如果需要知道子串出现的具体位置，可以使用方法 find( )，示例代码如下。

```
s = "Java and Python are very popular"
print('Python' in s)                     # True
print(s.find('Python'))                  # 9
```

4.3.2 常用的字符串方法

在 Jupyter Notebook 中，既可以使用 dir(str)查看字符串的方法列表，也可以使用 help(str)来查看每个方法的详细说明，如图 4-4 所示。

```
In [2]: help(str)

  | index(...)
  |     S.index(sub[, start[, end]]) -> int
  |
  |     Like S.find() but raise ValueError when the substring is not found.
  |
  | isalnum(...)
  |     S.isalnum() -> bool
  |
  |     Return True if all characters in S are alphanumeric
  |     and there is at least one character in S, False otherwise.
  |
  | isalpha(...)
  |     S.isalpha() -> bool
  |
  |     Return True if all characters in S are alphabetic
  |     and there is at least one character in S, False otherwise.
  |
```

图 4-4　使用 help(str) 查看字符串的帮助

为方便查看，这里列出了常用的字符串方法，如表 4-1 所示。

表 4-1　常用字符串方法

方法	描述
str.lower()	返回全部字符小写的新字符串
str.upper()	返回全部字符大写的新字符串
str.islower()	所有字符都是小写时，返回 True
str.isprintable()	所有字符都是可打印的，返回 True
str.isnumeric()	所有字符都是数值字符时，返回 True
str.isalpha()	所有字符都是字母，返回 True
str.isspace()	所有字符都是空格，返回 True
str.find(sub[, start[, end]])	检测 sub 是否包含在 str 中。如果是，则返回开始的索引值，否则返回-1
str.index(sub[, start[, end]])	和 find()方法一样，如果 sub 不在字符串中会报异常
str.startswith(prefix[, start[, end]])	以 prefix 开始返回 True，否则返回 False
str.endswith(suffix[,start[,end]])	以 suffix 结尾返回 True，否则返回 False
str.split(sep=None,maxsplit=-1)	返回由 str 根据 sep 被分隔的部分构成的列表
str.count(sub[,start[,end]])	返回 sub 子串出现的次数
str.replace(old,new[, count])	返回新字符串，所有 old 子串被替换为 new，如果 count 给出，则前 count 次出现的 old 被替换
str.center(width[, fillchar])	字符串居中函数
str.strip([chars])	返回新字符串，在其左侧和右侧去掉 chars 中列出的字符
str.zfill(width)	返回新字符串，长度为 width，不足部分在左侧添 0
str.format()	返回字符串的一种排版格式
str.join(iterable)	返回新字符串，由组合数据类型 iterable 变量的每个元素组成，元素间用 str 分隔

说明：

1）参数 start 和 end 可选，用于指定范围。

2）str.startswith、str.endswith 的参数最多有 3 个。如果要设置参数 end，则必须设置第 2 个参数 start。

【示例】把百分数转换为浮点数。

在文件、网页上经常会读取百分数，需要转换为浮点数。

【代码】

```
s1 = '86.7%'
print(s1.rstrip('%'))                # 86.7
print(float(s1.rstrip('%'))/100)  # 0.867
```

字符串方法 strip()、lstrip()、rstrip()默认用于去除空格，也能去除指定的字符。这里使用 rstrip()去除右侧的百分号后，再转换为浮点数。

方法 strip()可以去除两侧的指定字符，示例如下。

```
s2 = '==Python=='
print(s2.strip('='))                # Python
```

4.3.3　匹配字符串的前缀和后缀

如果要查找具有相同前缀的字符串，可以使用方法 startswith()。例如，使用命令 dir(str) 可获得字符串的所有方法。如果想从中找出前缀为"is"的所有方法，可以使用 startswith()，代码如下。

```
for s in dir(str):
    if s.startswith("is"):
        print(s, end=' ')
# isalnum isalpha isdecimal isdigit isidentifier islower isnumeric isprintable
isspace istitle isupper
```

要查找相同后缀的字符串，可使用方法 endswith()，典型应用就是查找同一类型的文件。

```
files = ['01.py', '02.py', 'demo.cpp', 'T03.java', 'hello.c']
for f in files:
    if f.endswith('py'):
        print(f, end=' ')
# 01.py 02.py
```

要检查多种匹配可能，只需要将所有的匹配项放入元组中，然后传给 startswith()或者 endswith()方法即可。下面的代码从文件列表中找出所有扩展名为.c 或.cpp 的文件。

```
files = ['01.py', '02.py', 'demo.cpp', 'T03.java', 'hello.c']
for f in files:
    if f.endswith(('c', 'cpp')):
        print(f, end=' ')
# demo.cpp hello.c
```

实际上，startswith()和 endswith()并不要求是字符串本身的前缀或后缀，也可以是切片后的前缀或后缀。

4.3.4　切分和合并字符串　★

1. 字符串的切分

字符串的切分可以使用 split()方法来实现，示例代码如下。

```
s = 'Java Python PHP C# Swift Perl'
```

```
print(s.split())
# ['Java', 'Python', 'PHP', 'C#', 'Swift', 'Perl']
```

默认情况下，分隔符是空格。如果采用的是其他分隔符，则需要明确指定，示例代码如下。

```
s = 'Java, Python, PHP, C#, Swift, Perl'
print(s.split(','))
# ['Java', ' Python', ' PHP', ' C#', ' Swift', ' Perl']
```

仔细观察可以发现，Python、PHP 和 Perl 前面有一个空格，这并不是程序员所需要的。此时，可以采用列表生成式来处理，代码如下。

```
s = 'Java, Python, PHP, C#, Swift, Perl'
print([v.strip() for v in s.split(',')])
```

列表生成式的使用会在 5.6 节"列表生成式"中详细介绍。

第 8 章"正则表达式"介绍了使用正则函数 re.split 来实现更为强大的字符串切分。

2. 字符串的合并

如果是少数几个字符串的合并，可以采用操作符+。更多的时候，合并字符串采用 join() 方法来完成，示例代码如下。

```
L = ['Beijing', 'ShangHai', 'GuangZhou', 'ShenZhen']
print(', '.join(L))
# Beijing, ShangHai, GuangZhou, ShenZhen
```

如果要每行输出一个城市名，可以把逗号替换为换行符'\n'.join(L)。

初看起来，这种语法看上去会比较怪，join()被指定为字符串的一个方法。这样做的原因是，连接的对象可能来自不同的数据序列，如列表、元组、集合或生成器等。如果在所有对象上都定义一个 join()方法，明显是冗余的。把 join()指定为字符串的方法后，只需要指定分隔符，并调用其 join()方法把字符串组合起来即可。

4.4 字符串格式化和输出语句

Python 支持两种字符串格式化方法。

一种是类似 C 语言中 printf 函数的格式化方法。Python 支持该方法主要考虑与大多数 C 语言程序员的编程习惯相一致，在 2.7.3 小节"基本输入/输出函数"中已经介绍。另一种是采用 format 格式化。Python 的组合数据类型（如列表和字典等）无法通过类似 C 语言的格式化来表达，只能用这种方法。

采用 format 格式化的示例代码如下。

```
import math

print("{} is {} yeard old".format('Eric', 21))
print("PI = {:.6}".format(math.pi))
```

在上述代码中，参数类型是元组。format 的参数类型也可以是字典，示例代码如下。

```
person = {'age': 21, 'name': 'Eric'}
```

```
print("{name} is {age} years old".format(**person))
# Eric is 21 years old
```

4.5　中文分词和 jieba 库

中文分词与英文分词有很大的不同。对英文而言，单词采用空格和标点符号来区分。中文以字为基本的书写单位，词语之间没有明显的区分标记，需要人为切分。

不同的人对词的切分看法上的差异性远比我们想象的要大得多。1994 年，《数学之美》这本书的作者吴军和 IBM 的研究人员合作，IBM 提供了 100 个有代表性的中文整句，吴军组织了 30 名清华大学二年级本科生独立地对它们进行分词。实验前，为了保证大家对词的看法基本一致，对 30 名学生进行了半个小时的培训。实验结果表明，这 30 名大学生分词的一致性为 85%～90%。

分词的难点还与上下文、背景知识相关，考虑下面这几句话的分词。

1）一行行行行行，一行不行行行不行。

2）来到杨过曾经生活过的地方，小龙女说："我也想过过过儿过过的生活。"

3）另一个宿舍的人说你们宿舍的地得扫了。

4）校长说衣服上除了校徽别别别的。

在将统计语言模型用于分词以前，分词的准确率通常较低。当统计语言模型被广泛应用后，不同的分词器产生的结果差异要远远小于不同人之间看法的差异。

分词效果好不好对信息检索、实验结果有很大影响，分词的背后涉及各种各样的算法。中文分词有很多种，常见的有中科院计算所的 NLPIR、哈尔滨工业大学的 LTP、清华大学的 THULAC、斯坦福分词器、Hanlp 分词器、jieba 库、IKAnalyzer 等，这里介绍 jieba 库。

不同的应用对分词的要求是不一样的。在机器翻译中，分词颗粒度大，则翻译效果好。比如"联想公司"作为整体，很容易找到对应英文"Lenovo"。如果分为"联想"和"公司"，则很可能翻译失败。而在网页搜索中，小的颗粒度比大的颗粒度要好。比如"清华大学"如果作为一个词，在对网页分词后，它是一个整体，当用户查询"清华"时，就找不到"清华大学"了。

jieba 库支持 3 种分词模式。

1）精确模式：试图将句子最精确地切开，适合文本分析。

2）全模式：将句子中所有可能成词的词语都扫描出来，速度快，但是不能解决歧义。

3）搜索引擎模式：在精确模式的基础上对长词再次切分，提高召回率，适用于搜索引擎。

jieba 库中包含的常用分词函数如表 4-2 所示。

表 4-2　jieba 库中的常用分词函数

函数	描述
jieba.cut(s)	精确模式，返回一个可迭代的数据类型
jieba.cut(s, cut_all=True)	全模式，输出文本 s 中所有可能的单词
jieba.cut_for_search(s)	搜索引擎模式，适合搜索引擎建立索引的分词结果

(续)

函数	描述
jieba.lcut(s)	精确模式，返回一个列表类型，建议使用
jieba.lcut(s, cut_all=True)	全模式，返回一个列表类型，建议使用
jieba.lcut_for_search(s)	搜索引擎模式，返回一个列表类型，建议使用
jieba.add_word(w)	向分词词典中增加新词

在表 4-2 中，前 3 个函数返回的是可迭代的数据类型，不能直接输出；第 4～6 个函数返回的是列表类型，可直接输出。

下面的代码展示了使用 3 种不同模式对文本"人工智能是引领新一轮科技革命和产业变革的重要驱动力"进行切分的结果。

```python
import jieba

text = '人工智能是引领新一轮科技革命和产业变革的重要驱动力'

w1 = jieba.cut(text, cut_all=False)
print("精确模式: " + ",".join(w1))

w2 = jieba.cut(text, cut_all=True)
print("全模式: " + ",".join(w2))

w3 = jieba.cut_for_search(text)
print("搜索引擎模式: "+ ",".join(w3))
```

运行结果如下。

精确模式：人工智能,是,引领,新一轮,科技,革命,和,产业,变革,的,重要,驱动力
全模式：人工,人工智能,智能,是,引领,新一轮,一轮,科技,革命,和,产业,变革,的,重要,驱动,驱动力,动力
搜索引擎模式：人工, 智能, 人工智能, 是, 引领, 一轮, 新一轮, 科技, 革命, 和, 产业, 变革, 的, 重要, 驱动, 动力, 驱动力

jieba 库支持繁体分词，也支持自定义词典。jieba 库还具有更多的功能，如词性标注、关键词抽取等，这些内容本书不做介绍。

4.6 小结

- 字符串可采用单引号、双引号来界定，多行文本可采用三重引号界定。
- 在 Windows 路径和正则表达式中，会常常采用 raw 字符串。
- 切片是针对序列的操作，适用于字符串、元组和列表等。
- Python 支持两种字符串格式化方法：类似 C 语言中 printf 函数的格式化方法和 str.format 格式化。
- jieba 库支持 3 种分词模式：精确模式（默认）、全模式和搜索引擎模式。

4.7 习题

一、选择题

1．在 Python 中，关于单引号与双引号的说法中正确的是_____。

A．Python 中的字符串初始化只能使用单引号

B．单引号用于短字符串，双引号用于长字符串

C．单双引号在使用上没有区别

D．单引号针对变量，双引号针对常量

2．下面代码的输出结果是_____。

```
a = "ac"
b = "bd"
c = a + b
print(c)
```

A．dbac   B．bdac   C．acbd   D．abcd

3．字符串是一个连续的字符序列，可用_____方式输出可以换行的字符串。

A．转义符\\   B．\n   C．空格   D．\换行

4．字符串函数 strip 的作用是_____。

A．按照指定字符分割字符串为数组   B．连接两个字符串序列

C．去掉字符串两侧的空格或指定字符   D．替换字符串中的特定字符

5．字符串"人生苦短，我用 Python"的长度是_____。

A．11   B．12   C．13   D．14

6．下面_____语句能够让列表 names = ['Dick', 'Nancy', 'Roger']中的名字按行输出。

A．print("\n".join(names))   B．print(names.join("\n"))

C．print(names.append("\n"))   D．print(names.join("%s\n", names))

7．下面代码的输出结果是_____。

```
s1 = "The python language is a scripting language."
s1.replace('scripting','general')
print(s1)
```

A．The python language is a scripting language.

B．The python language is a general language.

C．['The', 'python', 'language', 'is', 'a', 'scripting', 'language.']

D．系统报错

8．字符串是一个字符序列，可使用_____访问字符串 s 中从右侧向左的第 3 个字符。

A．s[3]   B．s[-3]   C．s[2]   D．s[0:2]

9．执行以下代码的结果是_____。

```
url='deeplearning.ai'
url[-3:-1]='.com'
```

A．'deeplearning.com'   B．'deeplearning'

C. 'deeplearning.aim'   D. 异常

10. s = 'Python is beautiful!'，可以输出"python"的是_____。

A. print(s[0:6].lower())   B. print(s[0:6])

C. print(s[-21: -14].lower)   D. print(s[﹣14])

11. 代码 s = "Alice"; print(s[::-1]) 的输出结果是_____。

A. Alic   B. ecilA   C. Alice   D. ALICE

12. 要将 3.1415926 变成 00003.14，可用_____进行格式化输出。

A. "%.2f"% 3.1415629   B. "%8.2f"% 3.1415629

C. "%0.2f"% 3.1415629   D. "%08.2f"% 3.1415629

二、程序设计题

1. 字符串的连接（P1032）。将两行字符串连接，每行字符串的长度不超过 100。例如输入为"Hello "和"World"，则输出为"Hello World"。

2. 从两个字符串中输出较长的字符串（P1137）。比较两个字符串的长度，输出长度较长的字符串。如果两个字符串的长度相同，则输出第 1 个字符串。输入是两个字符串，输出是长度较长的字符串。

3. 字符串的逆序输出（P1031）。使输入的一个字符串按反序存放，在主函数中输出反序后的字符串。例如输入为 123456abcdef，则输出为 fedcba654321。

4. 三位数反转（P1167）。输入一个三位数，分离出它的百位、十位和个位，反转后输出，也就是依次输出个位、十位和百位。样例输入：127；样例输出：721。

5. 计算 n 行字符串的长度（P1138）。输入不超过 100 行的字符串，计算每一行字符串的长度并输出。每一行的字符串长度不超过 80 个。

6. 逆序输出 10 个数字（P1026）。输入是 10 个数字，然后逆序输出。输出的数字之间使用空格分开。注意：最后一个数字后面没有空格，如果在最后一个数字后面输出了空格，会导致"格式错误"。样例输入：1 2 3 4 15 6 17 8 9 0；样例输出：0 9 8 17 6 15 4 3 2 1。

7. 求和 $S_n = a + aa + aaa + \cdots + aa \cdots aaa$（P1013）。求 $S_n = a + aa + aaa + \cdots + aa \cdots aaa$（有 n 个 a）的值，其中 a 是一个数字。在本题中，a＝2。例如：2+22+222+2222+22222（n=5），n 由键盘输入。如果 n=4，和就是 2+22+222+2222＝2468。样例输入：5；样例输出：24690。

第 5 章　组合数据类型

带着以下问题学习本章。

- 序列有哪些共同特点？
- 列表的排序方法和内置函数有什么不同？
- 如何遍历多个相关列表？
- 元组有哪些用途？
- 字典有什么特点？
- 如何遍历字典？
- 如何输出嵌套的字典？
- 集合的主要用途是什么？
- 为何使用列表生成式？

5.1　组合数据类型：序列、集合和映射

本书在第 2 章"程序设计入门"介绍了数字类型，包括整数类型、浮点数类型和复数类型，这些类型仅能表示一个数据，这种表示单一数据的类型称为基本数据类型。然而，实际计算中存在大量同时处理多个数据的情况，这需要将多个数据有效组织起来并统一表示，这种能够表示多个数据的类型称为组合数据类型。组合数据类型可以分为 3 类，即序列、集合、映射，如图 5-1 所示。

序列类型是一个元素向量，元素之间存在先后关系，通过序号（索引）访问。

集合类型是一个元素集合，元素之间无序，相同元素在集合中唯一存在。

映射类型是"键-值"（Key-Value）数据项的组合，每个元素是一个键值对。

序列不是 Python 的数据类型，而是涵盖具有共同性质的一些类型的一个概念。字符串、列表和元组都是序列。

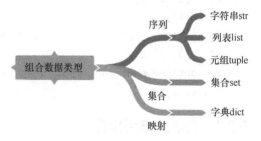

图 5-1　Python 中的组合数据类型

字符串（str）可以看成是单一字符的有序组合，属于序列类型。同时，由于字符串类型很常用且单一字符串只表达一个含义，因此也被看作基本数据类型。

列表（list）是可以修改数据项的序列类型，使用也最灵活。

元组（tuple）是包含零个或多个数据项的不可变序列类型。元组生成后是固定的，其中的任何数据项都不能替换或删除。

无论哪种具体数据类型，只要它是序列类型，都可以使用相同的索引体系，即正向递增序号和反向递减序号。

序列类型的通用操作符和函数，如表 5-1 所示。

表 5-1 序列类型的通用操作符和函数

操作符和函数	描述
x in s	如果 x 是 s 的元素，返回 True，否则返回 False
x not in s	如果 x 不是 s 的元素，返回 True，否则返回 False
s + t	连接 s 和 t
s * n 或 n * s	将序列 s 复制 n 次
s[i]	索引，返回序列的第 i 个元素
s[i: j]	分片，返回包含序列 s 第 i~j 个元素的子序列（不包含第 j 个）
s[i: j: k]	步骤分片，返回包含序列 s 第 i~j 个元素中以 k 为步数的子序列
len(s)	序列 s 中的元素个数（长度）
min(s)	序列 s 中的最小元素
max(s)	序列 s 中的最大元素
s.index(x[, i[, j]])	序列 s 中从 i 开始到 j 位置中第一次出现元素 x 的位置
s.count(x)	序列 s 中出现 x 的总次数

5.2 List 列表：批量处理

列表是 Python 中使用最频繁、用途最广泛的数据类型之一，非常灵活。从"列表"的中文译名上可以看出，列表最常用的用法是表示表中的"列"。通常情况下，列表中各个元素的类型是相同的，相当于 C、C++、Java 等语言中的数组，示例代码如下。

```python
L1 = [3, 7, 2]
L1.sort()                        # 对列表进行升序排序
print(L1)                        # [2, 3, 7]
L2 = [3, 7, 2]
L2.sort(reverse=True)            # 对列表进行降序排序
print(L2)                        # [7, 3, 2]
```

5.2.1 列表的常用操作

创建列表有两种方式：使用方括号 [ ] 和使用类型转换函数 list。示例代码如下。

```python
L = [2, 4, 6, 8]
M = list(range(2,9,2))
print(M)                         # [2, 4, 6, 8]
print(L==M)                      # 判断两个列表的内容是否相同
```

如果使用字符串作为参数，返回的是包含单个字符的字符串组成的列表。

```python
print(list("Python"))
# ['P', 'y', 't', 'h', 'o', 'n']
```

列表还可以通过类的方法获得，例如，字符串的 split()方法返回切分后的字符串列表。

```
print("Python is a powerful language".split())      # 默认用空格作为分隔符
# ['Python', 'is', 'a', 'powerful', 'language']


print("PHP,C/C++,Java,PHP".split(","))              # 使用逗号作为分隔符
# ['PHP', 'C/C++', 'Java', 'PHP']
```

Python 为列表提供了很多内置函数，如计算长度、求和、求最大值和最小值的函数等。

```
L = [2, 4, 6, 8]
print(len(L))                           # 4
print(sum(L))                           # 20
print(max(L), min(L))                   # 8 2
```

列表超越数组之处在于列表具有丰富的方法，简化了程序的编写。下面以小明学习程序设计语言的经历来了解列表常用的操作。

小明最初学习了 3 门程序设计语言。

```
L = 'C/C++ Java PHP'.split()      # ['C/C++', 'Java', 'PHP']
```

为了开发 iOS 应用，他又打算学习 Objective-C，可使用 append 将元素添加到列表末尾。

```
L.append('Objective-C')             # ['C/C++', 'Java', 'PHP', 'Objective-C']
```

2014 年 10 月，苹果公司发布了新的程序设计语言 Swift 作为 Objective-C 的升级语言，小明觉得应该学 Swift 而不是 Objective-C，此时可以通过下标的方式将 Objective-C 替换为 Swift。

```
i = L.index('Objective-C')          # i = 3
L[i] = 'Swift'                      # ['C/C++', 'Java', 'PHP', 'Swift']
```

列表方法 index()返回第一个匹配项的索引。对列表中的某一个索引赋值，就可以直接用新的元素替换原来的元素，列表包含的元素个数保持不变。

小明又了解到 Python 是大数据时代的中流砥柱。此时可以使用 insert()方法在指定的位置插入元素，该位置及后面的元素向后移动一位。Insert()方法接收两个参数，第一个是索引号，第二个是待添加的新元素。

```
L.insert(0, 'Python')   # ['Python', 'C/C++', 'Java', 'PHP', 'Swift']
```

说明：如果列表的长度很长，在越靠前的位置插入元素，需要移动的元素就越多，越耗时。

小明想学习的编程语言还有很多，如 JavaScript、Go、C#，可以把这些编程语言放在一个新的列表 M 中，再通过方法 extend()将新的列表添加到已有列表的后面。

```
M = ['JavaScript', 'Go', 'C#']
L.extend(M)
# ['Python', 'C/C++', 'Java', 'PHP', 'Swift', 'JavaScript', 'Go', 'C#']
```

现在小明发现需要学习的编程语言太多了，他决定先不学 Go 语言了。删除列表中的元素有好几种方法，如下所示。注意：如果依次执行下面的语句，则相当于删除了 3 个元素。

【方法 1】根据值来删除。

```
L.remove('Go')
# ['Python', 'C/C++', 'Java', 'PHP', 'Swift', 'JavaScript', 'C#']
```

【方法 2】根据位置删除。

```
del L[-2]
```

【方法 3】根据位置删除，同时返回被删除的元素。

```
L.pop(-2)    # print 'Go'
```

如果方法 pop()不指定参数，则默认删除最后一个元素。如果要删除"Go"，可使用 L.pop(-2)，并返回被删除的元素。

列表的常用操作如表 5-2 所示。

表 5-2   列表的常用操作

功能	代码	功能	代码
添加到最后	L.append('Objective-C')	根据值删除元素	L.remove('Go')
获取值所在位置	L.index('Objective-C')	根据位置删除元素	del L[-2]
根据位置修改	L[i] = 'Swift'	根据位置删除元素	L.pop(-2)
在指定位置插入元素	L.insert(0, 'Python')	删除列表的所有元素	L.clear()
添加列表 M	L.extend(M)	列表 ls 中的元素反转	L.reverse()

5.2.2   列表的遍历和排序

列表具有可迭代性，可以使用 for 循环来遍历列表。

```
cities = "Shanghai Beijing Guangzhou Shenzhen".split()
for city in cities:
    print(city)
# Shanghai
# Beijing
# Guangzhou
# Shenzhen
```

列表的另外一种遍历方法是通过下标来访问各个元素，优点是获得各个元素的位置（索引），代码如下。

```
cities = "Shanghai Beijing Guangzhou Shenzhen".split()
for i in range(len(cities)):
    print(i+1, cities[i])
# 1 Shanghai
# 2 Beijing
# 3 Guangzhou
# 4 Shenzhen
```

Python 还提供了函数 enumerate 来实现遍历，代码如下。

```
cities = "Shanghai Beijing Guangzhou Shenzhen".split()
for k, v in enumerate(cities):
    print(k+1, v)
```

说明：函数 enumerate 把可遍历的数据对象（如列表、元组或字符串）组合为一个索引序列，同时产生偏移（索引）和元素。函数 enumerate 的第 2 个参数用于设置下标起始位置，代码如下。

```
cities = "Shanghai Beijing Guangzhou Shenzhen".split()
for k, v in enumerate(cities, 1):
    print(k, v)
```

如果要遍历两个或多个相关列表，可以使用 zip 函数，示例代码如下。

```
L = ['Alice', 'Bob', 'Chris', 'David']
M = ['FeMale', 'Male', 'Male', 'Male']
for name, sex in zip(L, M):
    print(name, sex)


# Alice FeMale
# Bob Male
# Chris Male
# David Male
```

说明：函数 zip 使用可迭代的对象作为参数，将对象中对应的元素打包成元组，然后返回由这些元组组成的对象。

Python 提供了两种方法对列表排序。

【方法 1】使用列表对象方法 sort()排序。

```
L = [5, 2, 3, 1, 4]
L.sort()                       # 默认是升序排序
print(L)                       # [1, 2, 3, 4, 5]
L.sort(reverse=True)           # 按照降序排列 descending order
print(L)                       # [5, 4, 3, 2, 1]
```

这种方法称为就地（In Place）排序，原有的列表发生了变化。

【方法 2】使用内置函数 sorted 排序。

函数 sorted 返回新列表，原有列表不变，用法如下所示。

```
L = [5, 2, 3, 1, 4]
M = sorted(L)
print(M)                    # [1, 2, 3, 4, 5]
N = sorted(L, reverse=True)
print(N)                    # [5, 4, 3, 2, 1]
```

5.2.3 列表的引用和复制

先看下面的代码。

```
a = [1, 2, 3, 4]
b = a
b.append(5)


print(a)        # [1, 2, 3, 4, 5]
print(b)        # [1, 2, 3, 4, 5]
print(id(a))    # 4360631752
print(id(b))    # 4360631752
```

上述代码中的第 3 行代码向列表 b 中添加了 5，再查看列表 a，发现列表 a 中也存在 5。这是由于 b = a 的含义是 b 指向 a 的对象，也就是 a 和 b 指向同一个对象。

如果希望实现复制操作，针对列表 b 的修改不会影响原有的列表 a，有 3 种方式可选：copy()方法、切片操作和 list 函数，示例代码如下。

```
a = [1, 2, 3, 4]
b = a.copy()        # copy()方法
c = a[:]            # 切片操作
d = list(a)         # list 函数

b.append(5)
c.append(6)
d.append(7)

print(a)  # [1, 2, 3, 4]
print(b)  # [1, 2, 3, 4, 5]
print(c)  # [1, 2, 3, 4, 6]
print(d)  # [1, 2, 3, 4, 7]
print(id(a), id(b), id(c), id(d))
# 4361531976 4360631112 4360742728 4361534664
```

查看 a、b、c、d 的地址发现互不相同。由此可见，a、b、c、d 是相互独立的。

5.3 tuple 元组：不可变、组合

元组（tuple）可看作加了保护锁的列表，因为它一旦创建就不能被修改。元组的很多方法和列表是相同的，当然，列表中修改列表元素的方法，如 append()、insert()等，元组是不支持的。

元组内的元素是不可变的，这提供了完整性的约束，有助于编写大型的程序。

除了"不可变"之外，元组还有一个特性，就是"组合"，可把多个变量放在一起。

元组在表达固定数据项、函数多返回值、多变量同步赋值、循环遍历等情况下十分有用。

元组创建很简单，只需要在小括号中添加元素并使用逗号隔开即可。

```
t1 = ('eric', 18 , 'Male', '13912345678')        # 姓名 年龄  性别  手机
t2 = (1, 2, 3, 4, 5 )
t3 = "a", "b", "c", "d"                            # 不建议
```

说明：小括号可省略。任意无符号的对象，以逗号隔开，其默认类型是元组。

小知识：元组的概念来自于关系数据库，表示一条记录，也就是表中的一行（Row）。

【应用 1】表达固定数据项。

下面的代码是一个拆包的示例，从邮件地址 pony@qq.com 中提取出用户名 user 和域名 domain。

```
user, domain = 'pony@qq.com'.split('@')
```

```
print(user)          # pony
print(domain)        # qq.com
```

类似的例子还有使用点号作为分隔符，从文件全名中提取出文件名和文件类型。

【应用 2】函数返回多个值。

内置函数 divmod 的功能是除法和取余，需要返回两个值，因此该函数返回结果的类型是元组。使用语句 help（divmod）可以看到这个函数的简要说明。

```
Help on built-in function divmod in module builtins:

divmod(x, y, /)
    Return the tuple (x//y, x%y).  Invariant: div*y + mod == x.
```

【应用 3】交换变量。

在其他编程语言如 C、C++、Java 中，交换两个变量的值通常要借助于第 3 个变量，示例代码如下。

```
t = x;
x = y;
y = t;
```

这样的代码显得有些累赘。在 Python 中，借助于元组，交换变量的代码如下。

```
x, y = 3, 4
x, y = (y, x)
print(x, y)      # 4 3
```

【应用 4】在 Jupyter Notebook 中查看多个变量/表达式的值。

在 Jupyter Notebook 中，每个单元（Cell）只能显示最后一个变量的值。如果要查看多个变量/表达式的值，该怎么办呢？

方法是把这些变量/表达式写在一行，然后用逗号分开，如图 5-2 所示。其实，本质上还是只能显示一个变量，把这些变量/表达式合并为元组类型的变量后再显示，输出结果中的小括号就可以说明这一点。

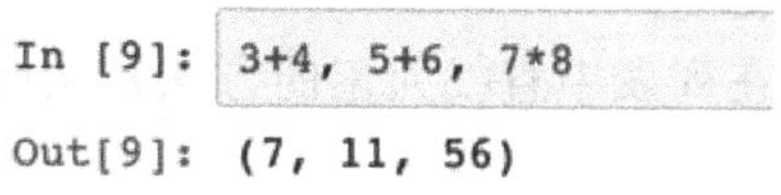

```
In [9]:  3+4, 5+6, 7*8
Out[9]:  (7, 11, 56)
```

图 5-2　在 Jupyter Notebook 中查看多个变量/表达式

当元组只包含一个元素时，需要在元素后面添加逗号，示例代码如下。

```
t1 = (50,)
t2 = (50 )
print(type(t1))  # <class 'tuple'>
print(type(t2))  # <class 'int'>
```

上面的第 2 行代码执行了拆包操作，t2 的类型不再是 tuple，而是 int。

当列表只包含一个元素时，是否添加逗号并不重要，下面的代码说明了这一点。

```
t1 = [50, ]
t2 = [50 ]
print(type(t1))  # <class 'list'>
print(type(t2))  # <class 'list'>
```

问：为何中括号中有一个元素的是列表，而小括号中有一个元素的却不是元组？

答：因为小括号的使用场景更为广泛，如用于改变运算优先级。例如，n1 =（3+4）*2，

n2 =（5+6），n3 =（12）。显然，n1、n2 是整数。对于 n3，是整数还是元组？Python 认为 n3 是整数类型。

再看下面的示例。

```
lst = [
    ["abc", "bcde"],
    ["abc"],
    ("abc")
]
for v in lst:
    print(len(v))
```

输出结果是 2、1、3。列表的第 1 个元素是列表，该元素的长度为 2；列表的第 2 个元素也是列表，该元素长度为 1；列表的第 3 个元素是元组，并且没有逗号，直接解包为字符串，字符串的长度为 3。

5.4 dict 字典：按键取值

Python 内置了字典 dict，全称为 dictionary，也称为 map，使用键值成对存储，具有极快的查找速度。键必须是唯一的，但值则不必。键必须是不可变类型，如字符串、数字或元组，值可以是任何数据类型。

为什么字典的查找速度这么快？因为字典的实现原理和查字典是一样的。假设字典包含了 10 万个汉字，要查某一个字，应先在字典的索引表里（如部首表）查找这个字对应的页码，然后直接翻到该页，找到这个字。这种方法的查找速度非常快，不会随着字典大小的增加而变慢。

在列表中查找元素的方法是从前往后翻，直到找到目标元素为止，列表越大，查找越慢。

字典的创建和查找是常见的用法。

【任务 1】创建字典。

说明：创建字典，包含 5 个国家-首都（Country-Capital），以国家作为主键，内容如下所示。字典有 5 项，称为键值对，中间以冒号分隔。

```
'China':     'Beijing'
'France':    'Paris'
'Germany':   'Berlin'
'Italy':     'Rome'
'Japan':     'Tokyo'
```

【方法 1】通过初始化字典一次性创建。

【代码】

```
d = {'China': 'Beijing',
    'France':'Paris',
     'Germany':'Berlin',
     'Italy':'Rome',
```

```
                                    'Japan':'Tokyo'}
```

【方法 2】先初始化空字典，再逐个添加或批量更新。

【代码】

```
d = { }
d['China'] = 'Beijing'
d['France'] = 'paris'
d.update({'France':'Paris', 'Germany':'Berlin',
          'Italy':'Rome', 'Japan':'Tokyo'})
# France 出现了两次，以最后的更新为准
```

说明：同一主键多次赋值，以最后的为准。方法 update()的常用参数是字典类型。

【任务 2】根据国家查找首都。

说明：查找中国的首都，分别以主键'China'和'中国'在字典中查找。

【方法】使用方括号[]或 get()方法。

【代码】

```
print(d['China'])                   # 'Beijing'
if ('中国' in d):                    # 判断'中国'是否存在于字典中
    print(d['中国'])
else:
    print(d.get('中国', '不存在'))     # 不存在
```

说明：

1）如果确认键存在于字典中，直接使用方括号。

2）如果不肯定，则使用方法 get()。当键存在时，该方法返回相应值，否则返回设定值。

3）判断键是否存在于字典中，使用"'中国' in d"和"'中国' in d.keys()"的效果相同。

【任务 3】数字转换成星期。

输入一个数字（1~7），输出对应的星期；输入其他的数字，则输出 Error。

例如：输入 1，输出 Monday；输入 2，输出 Tuesday；输入 8，输出 Error。

样例输入：4

样例输出：Thursday

【方法】可使用分支语句来处理，这里采用字典来处理更为简洁和优雅。

【代码】

```
d = {'1': 'Monday',
     '2': 'Tuesday',
     '3': 'Wednesday',
     '4': 'Thursday',
     '5': 'Friday',
     '6': 'Saturday',
     '7': 'Sunday'}
s = input()
if s in d:
    print(d[s])
else:
```

```
print('Error')
```

字典的遍历和排序相对不常见，这也很好理解，更多的用户是查字典，而不是翻遍字典。

【任务 4】根据字典中国家的英文名称有序输出所有的键值对。

说明：如图 5-3a 所示，国家在左侧，首都在右侧。

【方法 1】最常用的是使用 items()方法返回所有的键值对（以元组的形式）。

【代码】

```
for k, v in sorted(d.items()):
    print(k, v)
```

【方法 2】使用 keys()方法返回所有的主键，遍历返回的主键，再通过主键来获取值。

【代码】

```
for k in sorted(d.keys()):
    print(k, d[k])
```

【任务 5】根据字典中首都的英文名称有序输出所有的键值对。

说明：如图 5-3b 所示，首都在左侧，国家在右侧，按首都的英文名称首字母排序。

China	Beijing		Beijing	China
France	Paris		Berlin	Germany
Germany	Berlin		Paris	France
Italy	Rome		Rome	Italy
Japan	Tokyo		Tokyo	Japan

a）按国家的英文名称首字母排序   b）按首都的英文名称首字母排序

图 5-3 国家-首都对照图

【方法】使用内置函数 sorted，通过关键字 key 指定排序规则。除此之外，输出时要交换键和值的顺序。

【代码】

```
for k, v in sorted(d.items(), key=lambda t:t[1]):
    print(v, k)
```

说明：这里用到了匿名函数 lambda，在第 6 章"函数"会详细讲解，这里简要分析一下。如图 5-4 所示，lambda 函数的输入是一个元组，在这里是如"China，Beijing"一样的键值对，输出是元组的第 2 个值（t[1]），也就是让 sorted 函数根据"值"来排序。

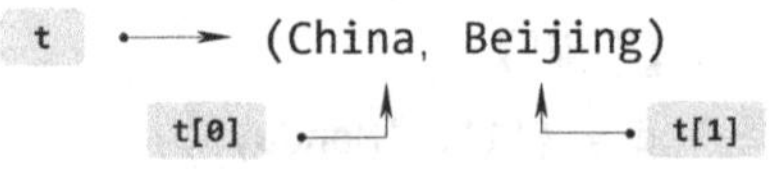

图 5-4 匿名函数 lambda t:t[1] 示意图

字典的操作方法如表 5-3 所示。

表 5-3 字典的操作方法

函数和方法	描述
<d>.keys()	返回所有的键信息
<d>.values()	返回所有的值信息
<d>.items()	返回所有的键值对

（续）

函数和方法	描述
<d>.get(<key>,<default>)	键存在则返回相应值，否则返回默认值
<d>.pop(<key>,<default>)	键存在则返回相应值，同时删除键值对，否则返回默认值
<d>.popitem()	随机取出一个键值对，以元组形式返回
<d>.clear()	删除所有的键值对
del <d>[<key>]	删除字典中的某一个键值对
<key> in <d>	如果键在字典中则返回 True，否则返回 False

5.5　set 集合：去重

集合是无序不重复元素的集，基本功能包括关系测试和消除重复元素，使用大括号创建。

创建集合有两种方式，使用大括号 {} 或使用类型转换函数 set，示例代码如下。

```
s = {1, 2, 3, 1, 2, 3}
print(s)                      # {1, 2, 3}
L = [1, 2, 3, 1, 2, 3]
t = set(L)
print(s==t)                   # True
# 使用 == 比较两个集合是否相等
```

如果要创建空集合，则只能采用 set 函数，{}用于创建空字典，示例代码如下。

```
d = { }
print(type(d))                # <class 'dict'>
s = set()
print(type(s))                # <class 'set'>
```

【任务】统计字符串中不同的字母数。

字符串为"Python, PHP and Perl"。

任务的处理有多种方式，有些方式还没有介绍，可以先初步了解，以后再深入掌握。

【方法 1】使用循环和集合。循环遍历字符串中的字符，如果是字母，则添加到集合中，最后计算集合中的元素数量。

【代码】

```
text = "Python, PHP and Perl"
s = set()                     # 创建一个空集合
for ch in text:
    if ch.isalpha():          # 字符 ch 是不是字母
        s.add(ch)
print(len(s))                 # 12
```

说明：第 4 行使用了字符串的 isalpha()方法来判断字符是否是字母。

【方法 2】使用列表生成式。

【代码】

```
text = "Python, PHP and Perl"
```

```
s = set([ch for ch in text if ch.isalpha()])
print(len(s))                              # 12
```

【方法 3】使用 filter 函数。循环中出现单分支结构，可考虑使用 filter 函数。

【代码】

```
text = "Python, PHP and Perl"
s = set((filter(str.isalpha, text)))
print(len(s))              # 12
```

说明：函数 filter 返回的是迭代器，使用 list 函数转换为列表，最后使用 set 函数转换为集合，实现了去重。

【方法 4】使用正则库 re 中的 findall 函数找出所有字母。

【代码】

```
import re


text = "Python, PHP and Perl"
print(len(set(re.findall('\w', text))))     # 12
```

说明：使用正则表达式 \w 找出字符串中的所有字母，由 re.findall 函数生成单个字母的列表，然后转换为集合实现去重。

5.6 列表生成式★

使用列表生成式（List Comprehension）是为了生成新的列表。

如图 5-5 所示，如何从列表 L 生成列表 M。

```
L  --> [1, 2, 3, 4, 5, 6, 7, 8, 9]

M  --> [1, 4, 9, 16, 25, 36, 49, 64, 81]
```

图 5-5 从列表 L 生成新的列表 M

如果没有列表生成式，要从列表 L 生成列表 M，代码如下。

```
L = [1, 2, 3, 4, 5, 6, 7, 8, 9]
M = []
for x in L:
    M.append(x*x)
print(M)
```

使用列表生成式后就变得非常简单，代码如下。

```
L = [1, 2, 3, 4, 5, 6, 7, 8, 9]
M = [x*x for x in L]
print(M)
```

列表生成式还能选择部分数据。如图 5-6 所示，从列表 L 中选择符合条件的数据构成新的列表，这里生成了一个奇数子列表和一个偶数子列表。

```
L  --▸ [1, 2, 3,  4,  5,  6,  7,  8,  9]
```

L1 = [i for i in L **if i%2==1**]　　　　　　　L0 = [i for i in L **if i%2==0**]

```
[1, 3, 5, 7, 9]          [2, 4, 6, 8]
```

图 5-6　从列表 L 中通过选择来生成新的列表

从列表 L 中生成新的奇数子列表和偶数子列表的代码如下。

```
L = [1, 2, 3, 4, 5, 6, 7, 8, 9]
L1 = [i for i in L if i%2==1]    # 奇数子列表[1, 3, 5, 7, 9]
L0 = [i for i in L if i%2==0]    # 偶数子列表[2,4,6,8]
```

列表生成式中的循环还可以嵌套使用，数据类型也不限于数字，示例代码如下。

```
print([ s+t for s in ('a', 'b', 'c') for t in ('1','2')])
# ['a1', 'a2', 'b1', 'b2', 'c1', 'c2']
```

下面再给出几个列表生成式使用的示例。

【示例 1】把 list 中所有的字符串转换为小写。

```
L = ['Hello', 'World', 'IBM', 'Apple']
print([s.lower() for s in L])
# ['hello', 'world', 'ibm', 'apple']
```

【示例 2】从列表中筛选出字符串类型。

```
L = ['Hello', 'World', 18, 'Apple', None]
print([s.lower() for s in L if isinstance(s, str)])
```

说明：函数 isinstance 可以判断变量是不是字符串。

水仙花数也可以使用列表生成式来解决，代码如下。

```
print([ 100*a+10*b+c
    for a in range(1, 10)  \
    for b in range(0, 10)  \
    for c in range(0, 10)  \
        if a**3+b**3+c**3==100*a+10*b+c])
# [153, 370, 371, 407]
```

除了列表生成式外，还有集合生成式和字典生成式，示例代码如下。

```
L = [1, 2, 3, 4, 5, 6, 7, 8, 9]
S = {x*x for x in L}
D1 = { x: x*x for x in L}
D2 = { x*x: x for x in L}


# 集合 {64, 1, 4, 36, 9, 16, 49, 81, 25}
# 字典 D1 {1: 1, 2: 4, 3: 9, 4: 16, 5: 25, 6: 36, 7: 49, 8: 64, 9: 81}
# 字典 D2 {16: 4, 1: 1, 4: 2, 49: 7, 81: 9, 9: 3, 64: 8, 25: 5, 36: 6}
```

问：有没有元组生成式？

答：没有元组生成式，小括号被用于生成器表达式。

5.7 生成器表达式和惰性求值

如果列表生成式要处理的序列规模非常大，甚至是无穷序列，由于受到计算机内存容量的限制，因此就无法直接创建该列表。Python 提供了称为生成器表达式（Generator Expression）的机制来处理，其原理是在循环的过程中不断按需推算出后续的元素，这样就不必创建完整的列表，可以节省大量的空间。

创建生成器表达式非常简单，只需要把列表生成式中的方括号改为小括号即可。

下面的代码对比了列表生成式（方括号）和生成器表达式（小括号）。

```
L = [ x*x for x in range(4)]
G = ( x*x for x in range(4))
print(L, G)
# [0, 1, 4, 9] <generator object <genexpr> at 0x12cefdf10>
```

生成器是无法使用函数 print 输出具体值的，因为生成器是一种算法，也可以认为是特殊函数，不是数据类型，需要调用函数 next 驱动其执行，如下所示。

```
G = ( x*x for x in range(4))
print(next(G))    # 0
print(next(G))    # 1
print(next(G))    # 4
print(next(G))    # 9
```

每次调用 next(G)，就计算出 G 的下一个元素的值，直到计算到最后一个元素，没有更多的元素时，抛出"Stop Iteration"的错误。这种不断调用 next 函数的方式很少用，通常使用 for 循环，因为生成器是可迭代对象。

```
G = ( x*x for x in range(4))
for i in G:
    print(i, end=' ')
# 0 1 4 9
```

Python 内置的很多函数都接收可迭代对象，如 sum、max、min。列表和生成器还有一个区别在于：列表可以多次使用，生成器只能用一次。下面的代码展示了两者的区别。

```
G = ( x*x for x in range(4))
print(sum(G))
print(max(G))
```

代码的输出如下。

```
14
ValueError: max() arg is an empty sequence
```

5.8 小结

- 小括号、中括号和大括号分别表示元组、列表和字典。

- 列表 List 类似数组，用于批量处理数据。
- 使用列表方法 sort()可就地排序（In Place），使用内置函数 sorted 则返回新的列表。
- 元组（tuple）的特点是只读和组合，常用于打包数据。
- 字典（dict）按键取值，键值具有唯一性。
- 集合（set）最常见的应用场景是去除重复元素，以及快速检测包含关系。
- 列表生成式能简洁地生成新的列表，还能选择部分数据。
- 集合生成式和字典生成式的功能类似，小括号被用于生成器表达式。

5.9　习题

一、选择题

1. 执行代码 len([1,2,3,None,(),[],])的结果是_____。

A．3　　　　　　　　B．4　　　　　　　　C．5　　　　　　　　D．6

2. 执行以下代码的结果是_____。

```
names = ['Amir', 'Barry', 'Chales', 'David']
names[-1][-1]
```

A．'David'　　　　　B．['David']　　　　C．['d']　　　　　　D．'d'

3. 执行以下代码的结果是_____。

```
names = ['Amir', 'Betty', 'Chales', 'Tao']
names.index("Edward")
```

A．−1　　　　　　　B．0　　　　　　　　C．4　　　　　　　　D．异常报错

4. 执行以下代码的结果是_____。

```
numbers = [1, 2, 3, 4]
numbers.append([5,6,7,8])
len(numbers)
```

A．4　　　　　　　　B．5　　　　　　　　C．8　　　　　　　　D．12

5. 执行以下代码的结果是_____。

```
numbers = [1, 2, 3, 4]
numbers.extend([5,6,7,8])
len(numbers)
```

A．4　　　　　　　　B．5　　　　　　　　C．8　　　　　　　　D．12

6. 执行以下代码的结果是_____。

```
list1 = [1, 2, 3, 4]
list2 = [5, 6, 7, 8]
len(list1 + list2)
```

A．2　　　　　　　　B．4　　　　　　　　C．5　　　　　　　　D．8

7. 列表 L1=[1,2,3]，则表达式 1+L1 的结果是_____。

A．[2,3,4]　　　　　B．[1,1,2,3]　　　　C．[1,2,4]　　　　　D．异常

8. 下列程序的输出是_____。

```
file_list = ['foo.py', 'bar.txt', 'spam.py', 'animal.png', 'test.pyc']
py_list = []
for file in file_list:
    if file.endswith('.py'):
        py_list.append(file)
print(py_list)
```

A. ['foo.py', 'bar.py', 'spam.py', 'animal.py', 'test.py']

B. ['foo.py', 'bar.txt', 'spam.py', 'animal.png', 'test.pyc']

C. ['foo.py', 'spam.py', 'test.pyc']

D. ['foo.py', 'spam.py']

9. 执行以下代码的结果是_____。

```
my_tuple = (1, 2, 3, 4)
my_tuple.append( (5, 6, 7) )
len(my_tuple)
```

A. 2   B. 5

C. 8   D. An exception is thrown

10. 执行以下代码的结果是_____。

```
t1=(1,2,3,[1,2,3])
t1[-1][-1]=4
t1
```

A. (1, 2, 3, 4)   B. (1, 2, 3, [1, 2, 4])   C. 异常报错   D. (1,2,3,[1,2,3],4)

11. 现有对象 t=(1, 3.7, 5+2j, 'test')，以下操作中_____是正确的。

A. t.remove(0)   B. t.count()   C. t.sort   D. list(t)

12. 表达式('China',)[0]会返回_____。

A. 异常   B. China   C. j   D. ('China')

13. 字典这种数据结构最大的特点是_____。

A. 有序存储   B. 键值对应   C. 成员唯一   D. 可被迭代

14. dict([['one',1],['two',2]])返回的是_____。

A. {'one': 1, 'two': 2}   B. [{'one': 1, 'two': 2}]

C. {2,3}   D. ['one','two']

15. 执行以下代码的结果是_____。

```
d1= { '1' : 1, '2' : 2 , '3' : 3, '4' : 4, '5' : 5}
d2 = { '1' : 10, '3' : 30 }
d1.update(d2)
sum(d1.values())
```

A. 15   B. 40   C. 51   D. 54

16. 执行以下代码的结果是_____。

```
foo = {1:'1', 2:'2', 3:'3'}
del foo[1]
foo[1] = '10'
del foo[2]
```

```
len(foo)
```
A．0   B．1   C．2   D．3

17．执行以下代码的结果是＿＿＿＿＿。

```
foo = {1,3,3,4}
type(foo)
```
A．set   B．dict   C．tuple   D．object

18．下列创建集合的语句中错误的是＿＿＿＿＿。

A．s1 = set()   B．s2 = set（"abcd"）

C．s3 = {1, 2, 3, 4}   D．s4 = frozenset(('string') ,(1,2,3))

19．以下 Python 数据类型中不支持索引访问的是＿＿＿＿＿。

A．字符串   B．列表   C．元组   D．集合

20．执行代码"foo = {1,5,2,3,4,2}; len(foo)"后的结果是＿＿＿＿＿。

A．0   B．3   C．5   D．6

二、程序设计题

1．将数组中的元素逆序存放（P1026）。比如原有数组中的数据为 3、1、9、5、4、8，逆序存放后，数组中的数据为 8、4、5、9、1、3。

2．对 10 个整数排序（P1023）。输入是 10 个整数，输出是排序好的 10 个整数。

样例输入：4 85 3 234 45 345 345 122 30 12

样例输出：3 4 12 30 45 85 122 234 345 345

3．从数组中找出最小的数（P1440）。从 8 个整数中寻找最小的数并输出。例如，8 个整数为 4、9、12、7、13、88、-6、12，则最小的数为-6。

4．将数字按照大小插入到数组中（P1025）。有一个按照由小到大已排好序的 9 个元素的数组，今输入一个数，要求按原来排序的规律将它插入数组中。例如，原有数组为 1、7、8、17、23、24、59、62、101，插入数字 50，则新的数组应该是 1、7、8、17、23、24、50、59、62、101。

5．使用列表生成式求 1～n 的平方和（P1105）。求 $sum=1^2+2^2+3^2+\cdots+n^2$ 的值，输入为不超过 100 的正整数。样例输入：3；样例输出：14。

6．使用列表生成式求调和级数（P1104）。$H(n)=1/1+1/2+1/3+\cdots+1/n$，这种数列被称为调和级数。输入正整数 n，输出 $H(n)$的值，保留 3 位小数。样例输入：3；样例输出：1.833。

7．计算 n 的所有真因子的和（P1205）。一个整数的"真因子"是指包括 1 但不包括整数自身的因子。真因子和就是所有真因子的和，如 6 的真因子是 1、2、3，其真因子和就是 1+2+3=6；12 的真因子是 1、2、3、4、6，其真因子和就是 16。提示：正整数 n 的所有可能的真因子是 1～n-1，可以使用循环来选出真因子。输入：正整数 n；输出：n 的所有真因子之和。

8．数字转换成星期（P1236）。输入一个数字（1～7），输出对应的星期；输入其他的数字，输出 Error。例如：输入 1，输出 Monday；输入 2，输出 Tuesday；输入 8，输出 Error。样例输入：4；样例输出：Thursday。

第6章 函 数

带着以下问题学习本章。

- *Python 有哪些内置函数?*
- *什么是可选参数?*
- *函数何时采用关键字参数传递变量?*
- *函数的不定长参数是怎么实现的?*
- *怎么把普通函数改写为 lambda 函数?*
- *如何识别出程序中的全局变量和局部变量?*
- *LEGB 原则指的是什么?*
- *递归函数有什么特点?*

6.1 认识函数

函数是具有特定功能的、可重用的代码。每次使用函数都可以提供不同的参数作为输入,以实现对不同数据的处理。函数执行后返回相应的处理结果。

函数与黑盒类似,能够完成特定功能。使用函数不需要了解函数的内部实现原理,只要了解函数的输入/输出方式即可。函数是一种功能抽象。利用函数可以把一个复杂的大问题分解成一系列简单的小问题,然后将小问题继续划分成更小的问题,当问题细化到足够简单时,就可以分而治之,为每个小问题编写程序。当各个小问题都解决了,大问题也就迎刃而解。

函数可以在程序的多个位置使用,也可以用于多个程序。当需要修改代码时,只需修改函数内部的代码,所有调用位置的功能就会更新。这种代码重用减少了代码行数,降低了代码维护难度。

Python 内置了 68 个函数,如表 6-1 所示,可以归类为数学运算(7 个)、类型转换(24个)、序列操作(8 个)、对象操作(9 个)、反射操作(8 个)、变量操作(2 个)、交互操作(2 个)、文件操作(1 个)、编译执行(4 个)、装饰器(3 个)。

用户自己编写的函数称为自定义函数。Python 使用关键字 def 自定义函数,格式如下。

```
def 函数名(参数列表):
    函数体
```

自定义函数大致可分为两类:没有参数的函数和带参数的函数。

1. 没有参数的函数

没有参数的函数的意义在于分解代码,从函数的名称就可以知道函数的主要功能,如下面的函数 hello。

表 6-1 Python 的内置函数

abs	dict	help	min	setattr
all	dir	hex	next	slice
any	divmod	id	object	sorted
ascii	enumerate	input	oct	staticmethod
bin	eval	int	open	str
bool	exec	isinstance	ord	sum
bytearray	filter	issubclass	pow	super
bytes	float	iter	print	tuple
callable	format	len	property	type
chr	frozenset	list	range	vars
classmethod	getattr	locals	repr	zip
compile	globals	map	reversed	__import__
complex	hasattr	max	round	
delattr	hash	memoryview	set	

```
def hello() :
    print("Hello World!")


hello()
```

2. 带参数的函数

带参数的函数是函数的主流。下面的两个函数都带有参数。

```
def area(width, height):
    return width * height


def print_welcome(name):
    print("Welcome", name)


print(area(4, 5))       # 20
print_welcome("Python")  # Welcome Python
```

函数 area 使用关键词 return 返回计算结果。程序执行到 return 语句时，会退出函数，return 之后的语句不再执行。

函数 print_welcome 没有使用 return 语句，相当于返回 None，返回类型是 NoneType。

在 Python 中，有时会看到使用 pass 语句的函数。

```
def sample():
    pass
```

pass 是 Python 的关键词，用作占位。当没有想好函数的内容时，可以用 pass 填充，使程序可以正常运行。

6.2 使用函数实现机器翻译

机器翻译是指利用计算机把一种自然语言翻译成另一种自然语言的技术，是一门结合了语言学和计算机科学等学科的技术。认知智能是人工智能的最高阶段，自然语言理解是认知智能领域的"皇冠"。机器翻译这一自然语言处理领域最具挑战性的研究任务，则是自然语言处理领域"皇冠上的明珠"。

下面是一段关于人工智能的文本。

In computer science, artificial intelligence (AI), sometimes called machine intelligence, is intelligence demonstrated by machines, in contrast to the natural intelligence displayed by humans. Colloquially, the term "artificial intelligence" is often used to describe machines (or computers) that mimic "cognitive" functions that humans associate with the human mind, such as "learning" and "problem solving".

如何把上面的一段英文文本转换为中文文本？可以使用在线翻译工具，如百度翻译、搜狗翻译或者有道翻译等。

使用百度翻译对上面的英文文本翻译，结果如下。

在计算机科学中，人工智能（人工智能）有时被称为机器智能，是由机器表现出来的智能，而不是由人类表现出来的自然智能。通俗地说，"人工智能"一词经常被用来描述模仿人类与大脑相关的"认知"功能的机器（或计算机），如"学习"和"解决问题"。

可以看出，翻译效果已经非常好。

如何批量、自动化处理大量的翻译工作呢？可以使用百度的翻译开放平台。

【代码】

```python
import json
import requests
import hashlib
import urllib
import random
from http.client import HTTPConnection

def fanyi_baidu(q, fromLang='en', toLang = 'zh'):
    appid = '20180XXXXXXXX7601'          # 开发人员的 appid
    secretKey = 'Vd1np3wXXXXXXXX4kWuV'   # 开发人员的密钥
    httpClient = None
    myurl = '/api/trans/vip/translate'
    salt = random.randint(32768, 65536)
    sign = appid+q+str(salt)+secretKey
    m1 = hashlib.md5()
    m1.update(sign.encode())
    sign = m1.hexdigest()
    myurl = myurl+'?appid='+appid+'&q='+urllib.parse.quote(q) \
            +'&from='+fromLang+'&to='+toLang+'&salt='+str(salt)+'&sign='+sign
```

```
    r = None
    try:
        httpClient = HTTPConnection('api.fanyi.baidu.com')
        httpClient.request('GET', myurl)
        #response 是 HTTPResponse 对象
        data = json.loads(httpClient.getresponse().read().decode('utf-8'))
        r = data['trans_result'][0]['dst']
    except Exception as e:
        print(e)
        print("Exception")
    finally:
        if httpClient:
            httpClient.close()
        return r
```

```
text = 'In computer science, artificial intelligence (AI), sometimes called
machine intelligence, is intelligence demonstrated by machines, in contrast to the
natural intelligence displayed by humans. Colloquially, the term "artificial
intelligence" is often used to describe machines (or computers) that mimic
"cognitive" functions that humans associate with the human mind, such as "learning"
and "problem solving".'
print(fanyi_baidu(text))
```

这段代码不长，但功能强大，支持 28 种语言互译。

代码中最重要的部分其实是函数的接口，如下所示。

```
fanyi_baidu(q, fromLang='en', toLang = 'zh')
```

从字面上也很好理解，传入待翻译的内容 q，并指定要翻译的源语言 fromLang 和目标语言 toLang，即可得到相应的翻译结果。如果不设置，则源语言默认为英文，目标语言默认为中文。

这个实例也说明了使用函数不需要了解函数的内部实现原理，只要了解函数的输入/输出方式即可。

短短的几十行代码当然无法完整实现机器翻译，背后是利用了百度提供的云端翻译服务，这实际上是云计算中的 SaaS 模式，全称为"软件即服务"（Software-as-a-Service）。

当翻译大量文本时，百度是要收费的。要成功运行上述代码，开发人员需要向百度公司申请账户和密码，然后替换下面代码中的 appid 和 secretKey 才能正常运行。

```
def fanyi_baidu(q, fromLang='en', toLang = 'zh'):
    appid = '20180XXXXXXXX7601'           # 开发人员的 appid
    secretKey = 'Vd1np3wXXXXXXXX4kWuV'    # 开发人员的密钥
```

百度开放翻译平台网址是 http://api.fanyi.baidu.com/。

这个示例展示了函数的强大之处。尽管个人的能力有限，但可以站在巨人的肩膀上，利用开源软件和互联网服务来实现强大的功能。

6.3 函数的参数

Python 的函数参数非常灵活，下面通过 4 个小节来介绍。

6.3.1 可选参数和默认值

在调用内建函数的时候，往往会发现很多函数提供了默认值。默认值为程序人员提供了极大的便利，对初次接触该函数的人来说更是意义重大。Python 内置的排序函数 sorted 就提供了默认值。图 6-1 所示为使用可选参数对列表进行由小到大排序和由大到小排序的两种用法。

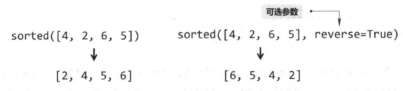

图 6-1 使用可选参数对列表排序

该函数的设计者认为由小到大排序的方式更为常用，如果不加以说明，就按照此方式排序。参数 reverse 的含义是反转，默认值为 False，也就是说通常情况不用反转。如果函数的使用者把 reverse 设置为 True，就认为有必要反转，也就是按照由大到小的方式来排序。

对于开发者而言，设置默认参数能让他们更好地控制软件。如果提供了默认参数，开发者就能设置他们期望的"最好"的默认值；对用户而言，避免了初次使用便需要设置大量参数的窘境。

下面给出两个内置函数的示例。

```python
# int(x, base=10) -> integer
print( int('0b0100', base=2) )  #  4


# pow(x, y, z=None, /)
# Equivalent to x**y (with two arguments) or x**y % z (with three arguments)
print( pow(2, 8) )              # 256
print( pow(2, 8, 100) )         # 56
```

默认情况下，函数 int 认为需要转换的类型采用的是十进制，而这里需要采用二进制，所以要明确指定。函数 pow 的第 3 个参数是取余运算，2 的 8 次方是 256，对 100 取余，结果为 56。

6.3.2 位置参数传递

位置参数调用是函数调用最常用的方式，函数的参数严格按照函数定义时的位置传入，顺序不可以调换，否则会影响输出结果或者直接报错。例如函数 range，定义的 3 个参数 start、stop、step 需按照顺序传入，示例代码如下。

```
list(range(1, 10, 2))
# [1, 3, 5, 7, 9]
# range(start, stop[, step])
```
适用情况：函数的参数较少。

6.3.3　关键字参数传递

先来看一个很常用的函数，用于打开文件的 open 函数。在 Jupyter Notebook 中，通过输入 open?可以看到这个函数的详细用法，如下所示。

```
open(file, mode='r', buffering=-1, encoding=None,
    errors=None, newline=None, closefd=True, opener=None)
```

在大多数情况下，读取文本文件后，只需要写成 f = open('abc.txt')就能够完成打开文件的操作。

如果有一个名为 text-GBK.txt 的文件，采用的是 GBK 编码，而不是 Python 默认的 UTF-8 编码，这时就需要设置参数 encoding，其他参数无须设置，编写代码如下。

```
txt = open('data/text-GBK.txt', encoding='GBK').read()
print(txt)  # 中国
```

这种参数调用方式称为关键字参数调用。使用关键字参数时，允许不按照位置使用参数，因为解释器会根据关键字匹配。

关键字参数也可以与位置参数混用，但关键字参数必须跟在位置参数后面，否则会报错。对上述代码添加参数'r'后的代码如下。

```
txt = open('data/text-GBK.txt', 'r', encoding='GBK').read()
print(txt)
```

根据 open 函数的说明，即 open(file, mode='r', buffering=-1, encoding=None, errors=None, newline=None, closefd=True, opener=None,)第 2 个参数是 mode，也就相当于 mode='r'。如果交换最后两个参数的顺序，会给出如下的提示。

```
SyntaxError: positional argument follows keyword argument
# 语法错误：位置参数跟随关键字参数
```

适用情况：函数的参数非常多，但只需要指定其中少数参数，其他参数采用默认值。

6.3.4　不定长参数

有时函数需要处理比当初声明时更多的参数，这些参数叫作不定长参数（Variable Length Arguments）。Python 内置函数 max 就是可以接收多个参数的函数，示例代码如下。

```
print(max(3, 4))              # 4
print(max(3, 4, 6, 1))        # 6
print(max(3, 4, 6, 1, 9))     # 9
```

Python 实现不定长参数采用了两种方式：参数打包为元组、参数打包为字典。

1. 参数打包为元组

Python 实现不定长参数的最常见方式是把多个参数打包成元组（tuple）。下面示例中的函数 mysum 的参数通过在前面添加单个星号来表示参数 args 的类型是元组，第 2 行的代码使用输出证实了这一点。

```
def mysum(*args):
    print(type(args))    # < class 'tuple' >
    sum = 0
    for x in args:
        sum += x
    return sum

print(mysum(1, 2, 3))    # 6
```

在函数调用时，Python 将所有未能匹配的实参打包成元组后，再提供给带星号形式参数。在一个函数中，只能有一个带星号形式参数。通过这种机制，实现了允许任意多个实参的函数。

函数还可以设计成必须有一个参数，其他参数可选，示例代码如下。

```
def printinfo(arg1, *vartuple ):
    "This prints a variable passed arguments"
    print("Output is: ")
    print(arg1)
    print(type(vartuple))
    for var in vartuple:
        print(var)
    return;

# Now you can call printinfo function
printinfo( 10 )
printinfo( 70, 60, 50 )
```

2. 参数打包为字典

定义函数时，形式参数以两个*号开头来表示参数类型是字典，参数形式为"key=value"，表示接收连续任意多个键值对参数。下面的代码中，fun 的实参被打包成字典后传递给形式参数 kwargs。

```
def fun(**kwargs):
    print(type(kwargs))
    for key in kwargs:
        print("%s = %s" % (key, kwargs[key]))

# Driver code
fun(name="Eric", ID="101", language="Python")
```

程序运行的输出如下。

```
<class 'dict'>
name = Eric
language = Python
ID = 101
```

小结：实现不定长参数有两种方式：多个变量则打包为元组，多个键值对则打包为字典。

6.4 函数式编程和高阶函数

函数式编程（Functional Programming）是一种"编程范式"（Programming Paradigm），也就是如何编写程序的方法论。函数式编程的特点是允许把函数本身作为参数传入另一个函数，还允许返回一个函数，其思想更接近数学计算。

使用纯粹的函数式编程语言编写的函数没有变量。对于任意一个函数，只要输入是确定的，输出就是确定的，这种函数没有副作用。而允许使用变量的程序设计语言，由于函数内部的变量状态不确定，同样的输入可能得到不同的输出，因此，这种函数是有副作用的。由于 Python 允许使用变量，因此 Python 不是纯函数式编程语言。

在函数式编程中，可以将函数当作变量一样自由使用。一个函数接收另一个函数作为参数，这种函数称为高阶函数（Higher-order Functions）。

Python 内置函数 max 和 min 就是高阶函数，max 函数最常用的场景如下。

```
L = [2, 3, -4, 1]
print(max(L))      # 3
```

但 max 函数的功能不止于此。max 函数还提供了参数 key，用于改变评价最大值的标准，比如看列表中数的绝对值，而不是看数字本身。按照这个标准，最大值应该是-4，示例代码如下。

```
L = [2, 3, -4, 1]
print(max(L, key=abs))      # -4
```

这里由于 max 函数的第 2 个参数是函数类型，所以 max 函数是高阶函数，如图 6-2 所示。

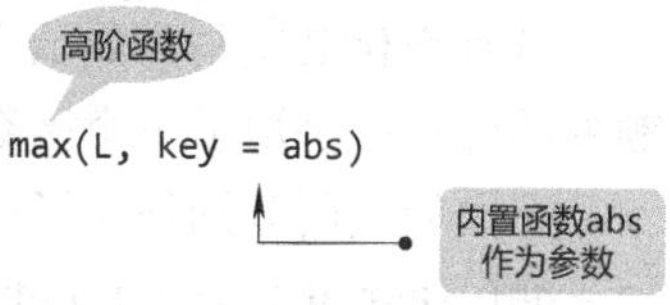

求绝对值的函数在系统中已经有了，不需要用户编写。如果评价标准没有对应的现成函数（如获取数字的个位数），则需要定义一个新函数来实现，示例代码如下。

图 6-2　高阶函数 max

```
def last_digit(n): return n % 10


L = [12, 3, 4, 6]
print(max(L, key = last_digit))      # 6
```

设计一个高阶函数很容易，下面的代码实现了根据变量的绝对值来求和。

```
def add(x, y, f):             # 高阶函数 add
    return f(x) + f(y)


print(add(3, -4, abs))      # 7
```

如果把参数 f 设置为可选参数，不指定 f 则按照正常加法来计算，可把代码扩展如下。

```
def add(x, y, f=None):
    if f==None:
        return x + y
```

```
    else:
        return f(x) + f(y)

print(add(3, -4))           # -1
print(add(3, -4, abs))      # 7
```

小结：把函数作为参数传入，这样的函数称为高阶函数。内置函数库中的 sum、max、min 都是高阶函数。

6.5 匿名函数 lambda★

6.4 节中定义的函数 last_digit 只是一个临时编写的函数，在示例中只使用了一次。为了让代码更加简洁，很多程序设计语言都提供了匿名函数 lambda。

如图 6-3 所示，函数 last_digit 如果没有了名
称，再去掉关键字 def 和 return（图中做了淡化
处理），剩下最核心的内容就是输入和输出，也
就是 n：n % 10。在此基础上，给这类不需要函
数名的函数添加统一的名称 lambda，就变成了
lambda n：n % 10。

```
def last_digit(n): return n % 10

    ⇩          ⇩              ⇩

  lambda       n :         n % 10
```

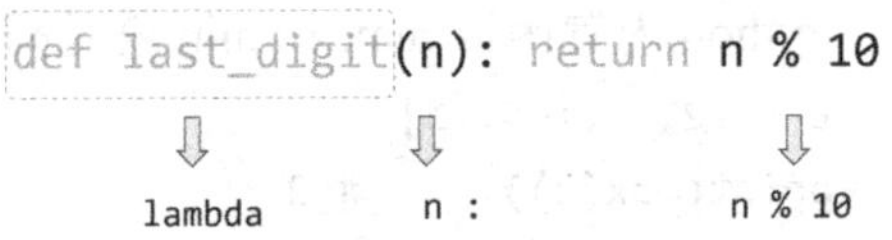

图 6-3 把函数改写为 lambda 函数的过程

上面的示例可以改写为如下所示的代码。

```
L = [12, 3, 4, 6]
print(max(L, key = lambda n : n%10 ))    # 6
```

这种变化其实与省略命名新变量的出发点是一致的：让代码简洁清晰。此外，还带来了额外的优势：少用了一个函数名，减小了命名冲突的可能。

下面的代码分别使用了普通的函数调用和匿名函数调用，作用是一样的。

```
def last_digit(n): return n % 10         # 方式 1
print(last_digit(123))                   # 3


print( (lambda n : n%10)(123) )          # 方式 2
```

小结：lambda 仅限于表达式，是为编写简单的函数而设计的，而 def 用来处理更大的任务。

6.6 常用高阶函数：map、reduce 和 filter

Python 有 3 个常用的高阶函数 map、reduce 和 filter。

1. 函数 map：映射函数到序列

程序对列表和其他序列常常做的一件事就是对每一个元素进行操作，并把其结果保存为新的序列。例如，图 6-4 所示为计算一组数字的平方，形成一个序列。

内置函数 map 会对序列对象中的每一个元素应用被传入的函数，返回函数调用结果的

迭代器，示例代码如下。

```
def f(x): return x**2

print(list(map(f, range(1, 10))))

# [1, 4, 9, 16, 25, 36, 49, 64, 81]
```
使用 lambda 函数则显得更为简洁。
```
list(map(lambda x: x**2, range(1, 10)))
```
函数 map 把函数映射到迭代器，列表生成式（List Comprehension）则把表达式映射为序列，对比代码如下。
```
print(list(map( lambda x: x**2, range(1, 10))))
print(list(x**2 for x in range(1, 10)))
# [1, 4, 9, 16, 25, 36, 49, 64, 81]
# [1, 4, 9, 16, 25, 36, 49, 64, 81]
```

2．函数 reduce：归约计算

函数 reduce 会对参数序列中的元素进行累积，该函数将一个序列中的所有数据执行下列操作：用传递给 reduce 函数的函数（该函数需要有两个参数）操作序列中的第 1、2 个元素，得到的结果再与第 3 个元素运算，以此类推，直到最后得到一个结果。这种操作称为归约计算。图 6-5 所示为归约计算的操作过程。

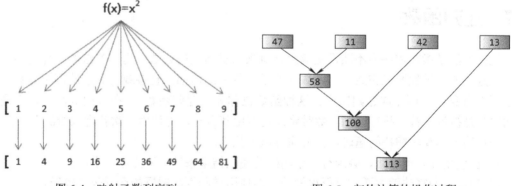

图 6-4　映射函数到序列　　　　　　图 6-5　归约计算的操作过程

相应的代码如下。
```
from functools import reduce
print(reduce(lambda x, y: x+y, [47,11,42,13]))        # 113
```
下面是使用 reduce 的示例。
```
from functools import reduce
print(reduce(lambda x, y : x*y, range(1,6)))          # 120
f = lambda a,b: a if (a > b) else b
print(reduce(f, [47,11,42,102,13]))                   # 102
print(reduce(lambda x, y: x+y, range(1,101)))         # 5050
```

3. 函数 filter：过滤序列

函数 filter 用于过滤序列。该函数把传入的函数依次作用于每个元素，然后根据返回值是 True 还是 False 决定保留还是丢弃该元素。

下面的示例代码过滤出 0~9 之间的奇数。

```
def is_odd(n):
    return n % 2 == 1


L = list(filter(is_odd, range(10)))
print(L)
# [1, 3, 5, 7, 9]
```

函数 filter 返回的是迭代器，输出需要先转换为列表或元组。

上述代码使用匿名函数 lambda 的代码如下。

```
list(filter(lambda n : n % 2 == 1, range(10)))
# [1, 3, 5, 7, 9]
```

下面的代码是从列表 a 和 b 中筛选出共有元素。

```
a = [1, 2, 3, 5, 7, 9]
b = [2, 3, 5, 6, 7, 8]
list(filter(lambda x: x in a, b))
# [2, 3, 5, 7]
```

6.7 递归函数

递归方法是指在程序中不断反复调用自身来求解问题的方法。递归方法的具体实现一般通过函数（或子过程）来完成。在函数（或子过程）的内部，直接或者间接地调用函数（或子过程）自身，即可完成递归操作。这种函数也称为"递归函数"。在递归函数中，主调函数同时又是被调函数。执行递归函数时将反复调用其自身，每调用一次就进入新的一层。

在使用递归算法解决问题时，需要注意以下几点：

1）在使用递归策略时，必须有一个明确的递归结束条件，称为递归出口。

2）使用递归算法解题通常显得很简洁，但使用递归算法解题的运行效率较低。

3）在递归调用的过程中，系统将每一次递归调用的返回点、局部量等保存在系统的栈中，当递归调用的次数太多时，就可能造成栈溢出错误。

【任务 1】斐波那契数列。

斐波那契数列指的是这样的一个数列：0、1、1、2、3、5、8、13、21、…。在现代物理、准晶体结构、化学等领域，斐波那契数列都有直接的应用。在数学上，斐波那契数列可以通过递归的方法定义：$F(0)=0$，$F(1)=1$，$F(n)=F(n-1)+F(n-2)$（$n \geqslant 2$，$n \in N^*$）。

编写程序，输出斐波那契数列的第 40 个数 F（40）。

【方法】斐波那契数列有着明显的递归结构，可使用递归函数来实现。

【代码】

```
def fib(n):
```

```
    if n <= 1:
        return n
    return fib(n-1) + fib(n-2)
```

```
print(fib(35))  # 9227465
```

为什么这里只计算到 35，而没有计算第 40 个数？这是由于计算 fib（35）就已经花了很多时间了。究竟花了多少时间，可以使用 time 模块中的 clock 函数来计时。

```
import time
t0 = time.clock()    # 计时开始
result = fib(35)     # 计算
t1 = time.clock()    # 计时结束

print("fib({0}) = {1}, ({2:.2f} secs)".format(n, result, t1-t0))
# fib(35) = 9227465, (4.20 secs)  在不同配置的计算机上时间略有差别
```

这种简单的递归计算，时间是指数式的，计算 fib（40）需要花更多时间。在 6.8 节 "变量的作用域 LEGB 原则" 中，会给出改进的递归计算方法。

【任务 2】计算嵌套列表中的所有数字之和。

列表：[2, 4, [11, 13], 8]。

Python 提供了内置函数 sum 来计算序列中的所有数字之和，但如果列表中的元素也是列表，sum 函数就无法处理了，强制运行会出现下面的错误。

```
sum([2, 4, [11, 13], 8])
```

```
TypeError: unsupported operand type(s) for +: 'int' and 'list'
```

由于[11, 13]的类型是列表，加法操作符 "+" 无法支持整型和列表的混合运算，所以产生了类型错误 TypeError。

【方法】

要解决这个问题，首先要清晰地了解 "嵌套数字列表" 这个术语的定义。嵌套数字列表中的元素组成有两种可能：数字、嵌套数字列表。嵌套数字列表被用于自身的定义，体现了典型的递归特性。编写函数 r_sum 来计算嵌套数字列表中的所有数字之和。

【代码】

```
def r_sum(nested_list):
    tot = 0
    for e in nested_list:
        if type(e) == type([]):
            tot += r_sum(e)
        else:
            tot += e
    return tot

print(r_sum([2, 4, [11, 13], 8]))  # 38
```

6.8　变量的作用域 LEGB 原则

变量的作用域决定了哪一部分程序可以访问哪个特定的变量。Python 的作用域一共有 4 种，如表 6-2 所示。

表 6-2　Python 的作用域 LEGB

作用域	缩写	描述
Local	L	函数内的区域，包括局部变量和参数
Enclosing	E	外面嵌套函数区域，常见的是闭包函数的外层函数
Global	G	全局作用域
Built-in	B	内建作用域

Python 中的变量采用 L→E→G→B 的规则查找，即 Python 在检索变量的时候，会优先在 Local 作用域中查找，如果没有找到，便会去 Enclosing 作用域中查找（如闭包），再找不到就会去 Global 作用域中查找，最后是 Built-in 作用域。

根据程序中变量所在的位置和作用范围，变量分为局部变量和全局变量。局部变量仅在函数内部使用，且作用域也在函数内部。全局变量的作用域跨越多个函数。

6.8.1　函数被调用的次数

如果要查看递归实现的斐波那契函数被调用了多少次，可以使用下面的代码。

```
c = 0    # c 是全局变量

def fib(n):
    global c       # 关键字 global 不能省略
    c = c + 1
    if (n==0 or n==1): return n
    return fib(n-1) + fib(n-2)

print(fib(10))   #  55
print(c)         #  177
print(fib(30))   #  832040
print(c)         #  2692714
```

这里使用了变量 c 来保存函数被调用的次数，c 定义在函数 fib 的外部，是不可变对象，如果要在函数内部修改，则需要添加关键字 global。如果少了这一行，会出现下面的错误说明。

```
UnboundLocalError: local variable 'c' referenced before assignment
```

程序运行结果分析：函数 fib 被调用的次数是相应的斐波那契值的 3 倍多，而斐波那契序列本身呈指数式增长。由此可见，直接采用递归计算效率极低。当求解 fib(40)时，就会进入漫长的等待。

6.8.2 斐波那契函数优化 1：全局字典

在计算过程中，如果把已经求出的值用字典 dict 保存下来，只计算当前字典中不存在的值，这样就能大大提高计算的效率。根据这一思路，可以写出下面的代码。

```
memo = {0:0, 1:1}

def fib(n):
    if (n in memo): return memo[n]
    memo[n] = fib(n-1) + fib(n-2)
    return memo[n]

print(fib(30))    # 832040
print(fib(100))   # 354224848179261915075
```

这里采用了全局变量 memo（类型是字典）来保存已经计算出来的值，避免了大量的重复调用。这种方法体现了动态规划的思想，通过避免大量子问题的重复计算来提高计算效率。

由于 memo 的类型是字典，属于可变对象，在 fib 函数内部可直接修改，因此不需要使用 global 关键字。

6.8.3 斐波那契函数优化 2：内嵌函数

为了避免使用全局变量，可以使用内嵌函数，示例代码如下。

```
def fib(n):
    def fib_memo(n):
        if n in memo: return memo[n]
        memo[n] = fib_memo(n-1) + fib_memo(n-2)
        return memo[n]

    memo = {1: 1, 2: 1}
    return fib_memo(n)

print(fib(100)) # 354224848179261915075
```

6.9 小结

- 函数的两个功能是降低编程难度和代码重用。
- 实现不定长参数有两种方式：多个变量则打包为元组，多个键值对则打包为字典。
- 接收另一个函数作为参数的函数称为高阶函数，内置函数 max 就是高阶函数。
- lambda 是为编写简单的函数而设计的，仅限于表达式，def 用来处理更大的任务。
- 常用的高阶函数有 map、reduce 和 fileter。
- Python 中的变量采用 L→E→G→B 的规则查找。

6.10 习题

一、选择题

1. Python 语言中，与函数定义相关的关键字是_____。

A．exec   B．eval   C．def   D．class

2. 有关函数的说法，_____是不正确的。

A．函数是代码功能的一种抽象   B．函数是代码逻辑的封装

C．函数是计算机对代码执行优化的要求   D．函数是具有特定功能的代码块

3. 以下_____不是函数的作用。

A．降低编程复杂度   B．增强代码可读性

C．提高代码执行速度   D．复用代码

4. 下面定义了 Python 函数 func，_____说法不正确。

```python
def func(a, b):
    c = a**2 + b
    b = 100
    return c


a = 10
b = 100
c = func(a, b) + a
print('a = ', a)
print('b = ', b)
print('c = ', c)
```

A．该函数执行后，变量 a 的值为 10

B．该函数执行后，变量 b 的值为 100

C．该函数执行后，变量 c 的值为 200

D．函数 func 本次的传入参数均为不可变类型的数据对象

5. 如果一个函数没有 return 语句，调用它后的返回值为_____。

A．0   B．True   C．False   D．None

6. 如果一个函数没有 return 语句，调用它的返回值的类型为_____。

A．bool   B．function   C．None   D．NoneType

7. 定义函数时的参数是_____。

A．实参   B．引用   C．形参   D．对象

8. 关于形参和实参的描述，以下选项中正确的是_____。

A．程序在调用时，将实参复制给函数的形参

B．参数列表中给出要传入函数内部的参数，这类参数称为形式参数，简称形参

C．函数定义中参数列表里面的参数是实际参数，简称实参

D．程序在调用时，将形参复制给函数的实参

9. 执行以下代码的结果是_____。

```
def dosomethings(param1, *param2):
    print (param2)
dosomethings ('apples', 'bananas', 'cherry', 'kiwi')
```

A. ('bananas')   B. ('bananas', 'cherry', 'kiwi')

C. ['bananas', 'cherry', 'kiwi']   D. param2

10. 执行以下代码的结果是_____。

```
def myfoo(x, y, z, a):
    return x + z


nums = [1, 2, 3, 4]
myfoo(*nums)
```

A. 3   B. 4   C. 6   D. 10

11. 关于函数的关键字参数使用限制，以下选项中描述错误的是_____。

A. 关键字参数顺序无限制   B. 不得重复提供实际参数

C. 关键字参数必须位于位置参数之后   D. 关键字参数必须位于位置参数之前

12. 下列对函数式编程思想的理解中，不正确的是_____。

A. 函数式编程是一种结构化编程范式，是如何编写程序的方法论

B. 函数是第一等公民，是指它享有与变量同等的地位

C. 函数式编程中，变量不可以指向函数

D. 高阶函数可以接收另一个函数作为其输入参数

13. sorted([15, 'china', 407], key=lambda x: len(str(x)))的返回为_____。

A. [15,407,'china']   B. ['china',407,15]

C. ['china',15,407]   D. [15,'china',407]

14. 关于 lambda 函数，以下选项中描述错误的是_____。

A. lambda 不是 Python 的关键字

B. lambda 函数将函数名作为函数结果返回

C. 定义了一种特殊的函数

D. lambda 函数也称为匿名函数

15. 代码 f=lambda x,y:y+x; f(10,10)的输出结果是_____。

A. 20   B. 100   C. 10,10   D. 10

16. 执行以下代码的结果是_____。

```
values = [2, 3, 2, 4]
def my_transformation(num):
    return num ** 2
for i in  map(my_transformation, values):
    print (i)
```

A. 2,3,2,4   B. 4,6,4,8   C. 4,5,4,6   D. 4,9,4,16

17. 表达式 list(map(lambda x:x*2, [1,2,3,4,'hi']))的返回值是_____。

A. [1,2,3,4,'hi']   B. [2, 4, 6, 8, 'hihi']

C. [2, 4, 6, 8, 'hi','hi']   D．异常

18．以下选项中，对于递归程序的描述错误的是＿＿＿＿＿＿。

A．递归程序都可以有非递归编写方法

B．执行效率高

C．书写简单

D．一定要有基例

19．递归函数的特点是＿＿＿＿＿＿。

A．函数名称作为返回值   B．函数内部包含对本函数的再次调用

C．包含一个循环结构   D．函数比较复杂

20．使用函数＿＿＿＿＿＿可以查看包含当前作用域内所有局部变量和值的字典。

A．locals   B．globals   C．dir   D．help

21．以下 Python 代码的输出为＿＿＿＿＿＿。

```
a_var = 'global value'
def outer():
    a_var = 'enclosed value'
    def inner():
        a_var = 'local value'
        print(a_var)
    inner()
outer()
```

A．global value   B．enclosed value

C．local value   D．均不是

22．以下＿＿＿＿＿＿选项是正确的 Python 搜索变量的顺序。

A．内建作用域（Built-in）→全局作用域（Global）→外面嵌套函数区域（Enclosing）→
函数内的区域（Local）

B．函数内的区域（Local）→外面嵌套函数区域（Enclosing）→内建作用域（Built-in）→
全局作用域（Global）

C．函数内的区域（Local）→内建作用域（Built-in）→外面嵌套函数区域（Enclosing）→
全局作用域（Global）

D．函数内的区域（Local）→外面嵌套函数区域（Enclosing）→全局作用域（Global）→
内建作用域（Built-in）

二、程序设计题

1．编写函数求 3 个整数中的最大值，函数原型为 def max3(a, b, c)。

2．编写函数求 1～n 之和，函数的原型为 def sum_n(n)。

3．编写函数求 $f(x)$ 的值，函数原型为 def f(x)，函数的定义如下所示：

$$y = \begin{cases} x & (x < 1) \\ 2x - 1 & (1 \leqslant x < 10) \\ 3x - 11 & (x \geqslant 10) \end{cases}$$

4．求指定区间的素数之和（P1079）。输入两个正整数 m 和 n(m<n)，求 m 到 n 之间

（包括 m 和 n）所有素数的和，要求定义并调用函数 is_prime(x) 来判断 x 是否为素数（素数是除 1 以外只能被自身整除的自然数）。例如，输入 1 和 10，那么这两个数之间的素数有 2、3、5、7，其和是 17。

　　5．列表 L = [(92,88), (79,99), (84,92), (66, 77)]有 4 项数据，每项数据都表示学生的语文和数学成绩。求数学成绩最高的学生的成绩。提示：应用 max 函数，然后设计 lambda 函数来实现，max(L, key=lambda _____)。

　　6．计算阿克曼函数的值（P1301）。20 世纪 20 年代后期，数学家大卫· 希尔伯特的学生 Gabriel Sudan 和威廉·阿克曼当时正研究计算的基础。Sudan 发明了一个递归却非原始递归的 Sudan 函数。1928 年，阿克曼又独立想出了另一个递归却非原始递归的函数，它需要两个自然数作为输入值，输出一个自然数。它的输出值增长速度非常快，仅是（4,3）的输出已大得不能准确计算。阿克曼函数定义如下，输入参数为两个整数，并且不大于 4 和 3。

$$A(m,n) = \begin{cases} n+1 & m=0 \\ A(m-1,1) & m>0, n=0 \\ A(m-1, A(m, n-1)) & m>0, n>0 \end{cases}$$

输入：两个整数（不大于 4 和 3），中间以空格分开。

输出：这两个整数的参数值。

第 7 章　文 件 操 作

带着以下问题学习本章。

- 什么是文件?
- 常用的中文编码格式有哪些?
- 读取 CSV 文件有哪几种方式?
- 如何把文件夹打包为 zip 格式的文件?
- 如何发布包?

7.1　认识文件

文件系统是操作系统的重要功能和组成部分。从开始学习计算机知识,就一直在与文件打交道。例如,在 Windows 操作系统中,打开"资源管理器",就可以看到许多文件,有很多工具可以查看文件内容。每个文件都有文件名,并且有自己的属性。

根据组织形式,文件可分为文本文件和二进制文件,它们是常用的两种文件形式。

(1)文本文件　文本文件(Text File)是某个字符集里的字符序列,采用统一编码格式,如 ASCII、UTF-8、GBK 等。C、C++、Java、Python 等源程序文件,网页 HTML 文件或 XML 文件,都是文本文件。

文本文件可以通过 Windows 中的记事本等工具显示,直观、易理解。

(2)二进制文件　二进制文件(Binary File)是内容为任意二进制编码的文件,没有行的概念。二进制文件通常由具体程序生成,具有特殊的内部结构,专供这种程序或其他相关程序使用。

Python 具有强大的生态系统,通过使用第三方库可以处理图片、PDF、Word、Excel 等各种二进制文件。本章主要介绍使用 Python 处理各类文本文件。

Python 以 Unicode 作为字符集,可以处理各种文本文件,包括数字、英文字母和基本标点符号的文件(如 Python 程序),也可以处理包含中文的文件。

Python 在处理中文文本文件时,往往会出现乱码,这是由于没有使用正确的编码格式来打开。中文的编码格式主要有以下几种类型。

1)GB2312 编码:是中华人民共和国国家汉字信息交换用编码,全称"信息交换用汉字编码字符集——基本集",1980 年由国家标准总局发布。

2)GBK 编码:汉字内码扩展规范,K 为"扩展"的汉语拼音中"扩"字的声母。GBK 编码标准兼容 GB2312,共收录 21003 个汉字、883 个符号,并提供 1894 个造字码位,简体字、繁体字融于一库。

3）UTF-8：8-bit Unicode Transformation Format 的缩写，它是一种针对 Unicode 的可变长度字符编码，又称万国码。Unicode 满足了跨语言、跨平台进行文本转换和处理的要求。

4）BIG5 编码：繁体中文汉字字符集，其字符编码范围同 GB2312 字符的存储码范围存在冲突，所以在同一正文中不能使用这两种字符集的字符。

7.2　文本文件及读写操作

读写文件是最常见的 IO 操作。Python 内置了读写文件的函数，用法和 C 语言兼容。当前操作系统不允许普通程序直接操作磁盘，读写文件的功能其实是由操作系统提供的。所以，读写文件就是请求操作系统打开一个文件对象（通常称为文件描述符），然后通过操作系统提供的接口从这个文件对象中读取数据（读文件），或者把数据写入这个文件对象（写文件）。

Python 提供的文件内容读取方法如表 7-1 所示。

表 7-1　Python 的文件内容读取方法

方法	含义
<file>.readall()	读取整个文件内容，返回一个字符串或字节流
<file>.read(size=-1)	从文件中读取整个文件内容，如果给出参数，则读取前 size 长度的字符串或字节流
<file>.readline(size = -1)	从文件中读取一行内容，如果给出参数，则读取该行前 size 长度的字符串或字节流
<file>.readlines(hint=-1)	从文件中读取所有行，以每行为元素形成一个列表，如果给出参数，则读取 hint 行

Python 提供的文件内容写入方法如表 7-2 所示。

表 7-2　Python 的文件内容写入方法

方法	含义
<file>.write(s)	向文件写入一个字符串或字节流
<file>.writelines(lines)	将一个元素为字符串的列表写入文件
<file>.seek(offset)	改变当前文件操作指针的位置，offset 的值：0，文件开头；1，当前位置；2，文件结尾

7.2.1　读取文件全文

文件处理流程包括 3 个步骤：打开文件、处理文件和关闭文件。

【任务】读取文件"登鹳雀楼-UTF8.txt"的内容并输出。

Python 使用内置函数 open 打开文件并返回一个文件对象，之后调用文件对象的 read 函数即可读取文件内容。文件使用完毕后，调用函数 close 关闭文件对象。文件对象会占用操作系统的资源，操作系统同一时间能打开的文件数量也是有限的。

【代码】
```
f = open('登鹳雀楼-UTF8.txt')
text = f.read()
print(text)
f.close()
```

有时也会把打开文件和读取内容的操作合二为一，代码如下。

```
text = open('登鹳雀楼-UTF8.txt').read()
print(text)
```

读取文件时，可以不关闭文件，因为程序运行结束，Python 解释器会关闭所有打开的文件。

文件"登鹳雀楼-UTF8.txt"是使用 Windows 操作系统的记事本编辑的，程序在米筐的 Jupyter Notebook 中运行时，输出的结果如图 7-1 所示。

图 7-1　在 Jupyter Notebook 中输出文件的内容

为什么会多一个空行呢？这是由于不同的操作系统对于回车和换行的定义不同。

7.2.2　按行读取文件

函数 read 可读取整个文件，并将文件内容放到一个字符串变量中，包括换行符。如果文件非常大，则不适合使用 read 函数。Python 提供了 readline 函数，它默认每次从指定文件中读取一行内容，示例代码如下。

```
f = open('登鹳雀楼-UTF8.txt')
for line in f:
    if (len(line.strip())==0): continue      # 跳过空行
    print(line.strip())                       # strip()方法用于去除两端的空白
f.close()
```

输出结果如下。

```
白日依山尽，黄河入海流。
欲穷千里目，更上一层楼。
```

循环遍历文件对象来读取文件中的每一行可使内存高效、快速且简化代码。

Python 还提供了方法 readlines()，一次性读取文本文件的所有行到列表，用法如下。

```
f = open('登鹳雀楼-UTF8.txt')
lines = f.readlines()
print(lines)
f.close()
['\ufeff白日依山尽，黄河入海流。\n', '\n', '欲穷千里目，更上一层楼。\n']
```

说明：方法 readlines()可以设置参数 hint，但这个参数并不是表示读取的行数，而是表示返回总和大约为 hint 字节的行。

7.2.3　实现文件的编码格式转换

在使用内置函数 open 时还会用到一些参数，通过下面的任务来了解其用法。

【任务】读取文件"登鹳雀楼-UTF8.txt"并以 GBK 格式保存到文件"登鹳雀楼-

GBK.txt"。

【代码】
```
f1 = open('登鹳雀楼-UTF8.txt')
f2 = open('登鹳雀楼-GBK.txt', mode='w', encoding='GBK', errors="ignore")
text = f1.read()
f2.write(text)
f1.close()
f2.close()
```
说明：

1）待写入的文件通过指定参数 encoding='GBK'把 Unicode 编码转换成 GBK 格式，该参数的可选值通常为 UTF-8 或者 GBK。

2）参数 errors 的值为"ignore"，表示编码的时候忽略那些无法编码的字符。

函数 open 完整的语法格式如下。
```
open(file, mode='r', buffering=-1, encoding=None,
     errors=None, newline=None, closefd=True, opener=None)
```
常用的参数是 mode 和 encoding。mode 参数可选模式如表 7-3 所示。

表 7-3　函数 open 的 mode 参数的可选模式

模式	说明
r	按读模式打开文件，是默认方式，可以不写
w	按写模式打开文件，文件不存在时创建新文件，存在时清除已有内容
x	排他性地创建文件，如果所指定的文件已存在，就报 OSError 错误。通常和 w 结合使用，排他性地创建写文件
a	追加方式，在已有内容之后写入。如果指定的文件不存在，则创建新文件
+	更新文件，不会单独出现

模式"+"和其他模式一起使用的含义如下。

- r+：表示保留原文件内容，从头开始读或写。
- w+：表示清除已有内容（如果文件存在），但操作中可以读或写。
- x+：与 w+类似，但排他性地创建文件，从头开始，操作中可以写或读。
- a+：与 w+类似，但不清除已有内容，从已有内容之后开始写或读。

7.2.4　使用 with-as 语句

读取文件过程中可能产生异常，为确保程序顺利调用 close 函数，需要使用 try-finally 捕获异常，示例代码如下。
```
try:
    f = open('登鹳雀楼-UTF8.txt')
    text = f.read()
    print(text)
finally:
    if f:
```

```
        f.close()
```

上述代码有点复杂，Python 提供了 with-as 语句来处理需要事先设置、事后做清理的工作。下面的代码表示先执行 with 后面的 open 函数，返回值赋给 as 后面的变量 f，当 with 内的代码块全部执行完之后，再调用 f 的 close()方法。

```
with open('登鹳雀楼-UTF8.txt') as f:
    text = f.read()
    print(text)
```

说明：调用 f 的 close 方法是自动操作，不需要在代码中出现。

7.3　处理表格数据（CSV）的 3 种方法

二维数据也称表格数据，由关联关系数据构成，采用表格方式组织，对应于数学中的矩阵。常见的表格都属于二维数据。存储二维数据的常见文件格式有 Excel 的 XLSX 和文本形式的 CSV。

CSV 是 Comma-Separated Values 的简写，意思是以逗号分隔值，以纯文本的形式存储表格数据（数字和文本）。CSV 文件可以用 Excel 查看。

CSV 并不是一种单一的、定义明确的格式，在实践中泛指具有以下特征的任何文件：

1）纯文本，使用某个字符集，如 ASCII、Unicode 或 GB2312。

2）由记录组成（典型的是每行一条记录）。

3）每条记录被分隔符分隔为字段（典型分隔符有逗号、分号或制表符）。

4）每条记录都有同样的字段序列。

【任务】计算招商银行收盘价的平均价。

招商银行的数据保存在文件 600036_UTF8.csv 中，内容如图 7-2 所示。

日期	股票代码	名称	收盘价/元	最高价/元	最低价/元	开盘价/元	成交金额/元
2018-11-05	'600036	招商银行	30.00	30.23	29.71	29.85	1283209565
2018-11-02	'600036	招商银行	30.33	30.45	29.41	29.90	3665161770
2018-11-01	'600036	招商银行	29.05	29.65	28.66	29.45	1983324170

图 7-2　招商银行的数据

【方法 1】使用 Pandas 库。

选择适当的工具会事半功倍。Python 重要的第三方库 Pandas 最初是为了处理金融数据而生，其核心数据结构 DataFrame 用于处理二维数据。

【代码】

```
import pandas as pd


df = pd.read_csv('600036_UTF8.csv')
print(df['收盘价'].mean())            # 29.15
```

说明：方法 mean()用于计算平均值。

【方法 2】使用文件对象的 readline()方法。

【代码】

```
f = open('600036_UTF8.csv')
f.readline()              # 跳过表头
tot = 0                   # 保存"最高价"这一列的总和
n = 0                     # 统计行数
for line in f:
    t = line.strip().split(',')    # 切分字符串为列表
    tot += float(t[3])             # 字符串转换为浮点数后才能累加
    n += 1
print('%.2f' %(tot/n))             # 29.15
```

【方法 3】使用内置库 csv。

Python 内置了 csv 模块，可用于处理 CSV 文件。

【代码】

```
import csv

tot = 0                            # 保存"最高价"这一列的总和
n = 0                              # 统计行数
f = open('600036_UTF8.csv')
reader = csv.DictReader(f)
for row in reader:
    tot += float(row['收盘价'])    # 字符串转换为浮点数后才能累加
    n += 1
print('%.2f' %(tot/n))             # 29.15
```

小结：CSV 文件的首选处理工具是 Pandas。

7.4　存储半结构化数据：JSON

从文件中读写字符串很容易，如果需要保存更为复杂的数据类型，如嵌套的列表和字典，手工解析和序列化它们将变得更复杂。

为了简化保存组合数据类型的操作，Python 使用了数据交换格式 JSON（JavaScript Object Notation）。JSON 是轻量级的数据交换格式，易于人们阅读和编写，同时也易于机器解析和生成。JSON 自 2001 年开始推广使用，2005～2006 年逐步成为主流的数据格式。另外一种用于存储和交换文本信息的格式是 XML，JSON 比 XML 更小，更快，更易解析。

使用 Python 来编码和解码 JSON 对象非常简单，对象可以是数值、字符串、列表和字典，最常用的对象是字典，嵌套字典的表达能力更强。编码就是把内存中的对象保存为字符串或文本文件，解码就是把 JSON 格式字符串或文件转换为 Python 对象，使用的方法如图 7-3 所示。

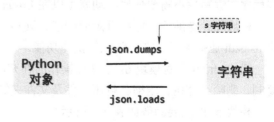

图 7-3　JSON 对象的编码和解码

JSON 常用方法如表 7-4 所示。

表7-4 JSON 常用方法

方法	描述
json.dumps()	将 Python 对象编码成 JSON 字符串
json.loads()	将已编码的 JSON 字符串解码为 Python 对象
json.dump()	将 Python 内置类型序列化为 JSON 对象后写入文件
json.load()	读取文件中 JSON 格式的字符串元素并转换为 Python 类型

字典对象导出（dump）为字符串的示例代码如下。

```python
import json

d = { 'a' : 1, 'b' : 2, 'c' : 3, 'd' : 4, 'e' : 5 }
s = json.dumps(d)          # 字典对象导出为字符串
print(type(s))             # <class 'str'>
print(s)                   # {"a": 1, "b": 2, "c": 3, "d": 4, "e": 5}
```

JSON 格式字符串加载（load）为 Python 对象（字典）的示例代码如下。

```python
json_str = '{"a": 1, "b": 2, "c": 3, "d": 4, "e": 5}'
d = json.loads(json_str)
print(type(d))             # <class 'dict'>
```

注意：JSON 格式的字符串使用双引号，不支持单引号。

序列化格式的文件还可以通过二进制文件的方式保存，也就是 pickle 文件。与 JSON 不同，pickle 是一个协议，它允许任意复杂的 Python 对象的序列化。因此，它只能用于 Python，而不能用来与其他语言编写的应用程序进行通信。

7.5 常用文件模块 os 和 shutil

如果要操作文件、目录，可以在命令行下面输入操作系统提供的各种命令来完成。如果要在 Python 程序中执行这些目录和文件，该怎么操作呢？

其实，操作系统提供的命令只是简单地调用了操作系统提供的接口函数，Python 内置的 os 模块也可以直接调用操作系统提供的接口函数。

模块 os 提供了可移植的方法来使用操作系统的功能，使程序能够跨平台使用，即它允许程序在编写后不需要任何改动就可以在 Linux 和 Windows 等操作系统中运行。

模块 os 提供了文件和目录的创建、读写、删除、重命名以及获取文件属性等接口。模块 os.path 还提供了对文件路径的操作功能。

模块 shutil 是对模块 os 中文件操作的补充，是文件的高层次操作工具，支持执行移动、复制、删除、打包、压缩、解压文件及文件夹等操作。

模块 os 的主要函数如表 7-5 所示。

表 7-5　模块 os 的主要函数

函数名称	函数应用
os.name	获取操作系统的名称。如果是 posix，说明系统是 Linux、UNIX 或 Mac OS；如果是 nt，就是 Windows 系统
os.environ	返回操作系统中定义的环境变量 os.environ.get('PATH') 可获取环境变量中的路径
os.getcwd	返回当前工作目录
os.rename(src, dst)	重命名文件或目录，从 src 到 dst
os.remove(path)	删除名为 path 的文件。如果 path 是文件夹，则抛出 OSError 异常
os.listdir(path)	返回 path 指定的文件夹包含的文件或文件夹的名称列表
os.renames(old, new)	递归地对目录进行更名，也可以对文件进行更名
os.chdir(path)	改变当前工作目录
os.chmod(path, mode)	更改权限
os.chown(path, uid, gid)	更改文件所有者
os.mkdir(path[, mode])	创建名为 path 的文件夹，默认的 mode 是 0777（八进制）
os.rmdir(path)	删除 path 指定的空目录，如果目录非空，则抛出 OSError 异常
os.removedirs(path)	递归删除目录

模块 os.path 的主要函数如表 7-6 所示。

表 7-6　模块 os.path 的主要函数

函数名称	函数应用
os.path.isdir(name)	判断 name 是不是目录，不是目录就返回 False
os.path.isfile(name)	判断 name 这个文件是否存在，不存在就返回 False
os.path.exists(name)	判断是否存在名为 name 的文件或目录
os.path.getsize(name)	获得文件大小
os.path.abspath(name)	获得绝对路径
os.path.isabs	判断是否为绝对路径
os.path.normpath(path)	规范 path 字符串形式
os.path.split(name)	分隔文件名与目录
os.path.splitext	分离文件名和扩展名
os.path.join(path,name)	连接目录与文件名
os.path.basename(path)	返回文件名
os.path.dirname(path)	返回文件路径

模块 os.shutil 的常用函数如表 7-7 所示。

表 7-7　模块 os.shutil 的常用函数

函数名称	函数应用
shutil.copy(src, dst)	复制文件 src 到 dst 文件或文件夹中。如果 dst 是文件夹，则会在文件夹中创建或覆盖一个文件，且该文件与 src 的文件名相同。文件权限位也会被复制
shutil.copyfile(src, dst)	从文件 src 复制内容（不包含元数据）到 dst 文件。dst 必须是完整的目标文件名。返回值是复制后的文件绝对路径

（续）

函数名称	函数应用
shutil.rmtree(path)	删除路径指定的文件夹，文件夹里面的所有文件和子文件夹都会被删除。因为涉及对文件与文件夹的永久删除，因此该函数的使用必须非常谨慎
shutil.copytree(src, dst)	递归复制整个 src 文件夹。目标文件夹名为 dst，不能已存在；方法会自动创建 dst 根文件夹

下面通过几个小任务来展示 os 和 shutil 的使用方法。

【任务 1】删除指定目录。

删除指定目录 Demo，该目录下有子目录和文件，如图 7-4 所示。

图 7-4　删除指定非空目录 Demo

【代码】

```
import shutil
shutil.rmtree('Demo')
```

说明：shutil.rmtree 函数用来递归删除当前文件夹及文件夹内的所有内容，而 os.rmdir 仅当文件夹为空时才可以实现删除操作，否则抛出异常 OSError。

【任务 2】创建目录。

在当前目录下创建目录 demo。

【方法 1】使用相对路径创建。

```
import os
path = 'demo'
if (not os.path.exists(path)):
    os.mkdir(path)
```

说明：函数 os.mkdir 在路径（path）已经存在的情况下会抛出"文件已存在"（FileExistsError）的错误。建议使用函数 os.path.exists 判断目录是否存在。

【方法 2】使用绝对路径创建。

```
import os
path = os.path.abspath('.')              # '/home/rice/notebook'
full_path = os.path.join(path, 'demo')
os.mkdir(full_path)
```

说明：

1）把两个路径合成一个时，不要直接拼字符串，而要通过函数 os.path.join，这样可以正确处理不同操作系统的路径分隔符。同理，要拆分路径时，也不要直接去拆字符串，而要通过函数 os.path.split。

2）这些合并、拆分路径的函数并不要求目录和文件真实存在，只对字符串进行操作即可。

【任务 3】列出当前目录下的所有 Python 程序文件。

提示：利用 Python 的特性来过滤文件。

【代码】

```
import os

[x for x in os.listdir('.') \
        if os.path.isfile(x) and os.path.splitext(x)[1]=='.py']
# ['P1080.py', 'P1104.py', 'P1326.py']
```

说明：

1）os.listdir('.')返回当前目录下的所有文件，目录也被视为文件。

2）函数 splitext 的作用是将文件名和扩展名分开。

【任务】压缩目录 demo 为 demo.zip。

【代码】

```
import shutil

shutil.make_archive('demo', 'zip', root_dir='dataset/demo')
# '/Users/shenhanfei/坚果云/Jupyter/demo.zip'
```

说明：

第 1 个参数是压缩包的文件名，不需要指定文件扩展名，函数会根据第 2 个参数合成文件名。

函数 shutil.make_archive 的参数如表 7-8 所示。

表 7-8　函数 shutil.make_archive 的参数

参数	说明
base_name	压缩包的文件名，也可以是压缩包的路径。如果是文件名，则保存至当前目录，否则保存至指定路径
format	format 是压缩包种类，可以是 zip、tar、bztar、gztar
root_dir	要压缩的文件夹路径（默认当前目录）
owner	用户，默认是当前用户
group	组，默认是当前组
logger	用于记录日志，通常是 logging.logger 对象

7.6　模块和包

Python 的模块（Module）是一个 Python 文件，以.py 结尾，包含了 Python 对象定义和 Python 语句。模块能够有逻辑地组织 Python 代码段，把相关的代码分配到一个模块里能让代码更好用、更易懂。

1. 定义自己的模块

在 Python 中，每个 Python 文件都可以作为一个模块，模块的名称就是文件的名称。模块能定义函数、类和变量，模块里也能包含可执行的代码。

比如下面的文件 demo.py，定义了函数 hello。

```
# file: demo.py
def hello(name):
    print('Hello', name)
```

2. 调用自定义的模块

同一目录下的其他文件通过 import demo 语句就可以使用 demo.py 文件中定义的函数。

```
#file: main.py

import demo

demo.hello('Python')                    # Hello Python
```

3. 模块的测试和 __main__

在实际开发中，当一个开发人员编写完一个模块后，为了让模块能够在项目中达到想要的效果，会自行在 Python 文件中添加一些测试信息，例如：

```
# file: demo.py
def hello(name):
    print('Hello', name)

hello('Java')
```

如果此时在其他 Python 文件中引入了此文件（import demo），输出结果会包含测试函数 hello('Java')的输出结果"Hello Java"，这并不是所期望的输出。

为了避免出现这种情况，可以使用__name__=="__main__"，代码如下。

```
# file: demo.py
def hello(name):
    print('Hello', name)

if __name__=="__main__":
    hello('Java')
```

__name__=="__main__"下面的代码只有直接作为脚本执行时才会被执行到，而到其他脚本中是不会被执行的。

写好的多个模块会以包的形式来发布，也就是一个包内通常包含多个 Python 文件。

包是一个分层次的文件目录结构，它定义了一个由模块和子包，以及子包下的子包等组成的 Python 的应用环境。简单来说，包就是文件夹，但该文件夹下必须存在__init__.py 文件，该文件的内容可以为空。__init__.py 用于标识当前文件夹是一个包。

需要发布的包的目录结构如下。

```
.
├── setup.py
├── suba
│   ├── aa.py
│   ├── bb.py
```

```
|       └── __init__.py
└── subb
        ├── cc.py
        ├── dd.py
        └── __init__.py
```

这个例子共包含 4 个 Python 文件，即 aa.py、bb.py、cc.py 和 dd.py，分为两个目录 suba 和 subb。

在打包之前，需要验证 setup.py 的正确性，可执行下面的代码进行验证。

```
python setup.py check
```

输出一般是 "running check"。如果有错误或者警告，就会在此之后显示。没有任何显示，表示 Distutils 认可了这个 setup.py 文件。

如果没有问题，就可以正式打包，执行下面的代码。

```
python setup.py sdist
```

执行完成后，会在顶层目录下生成 dist 目录和 egg 目录。

7.7　小结

- 常用的中文编码有 UTF-8 和 GBK 两种。
- 文件对象有 3 种读取文本文件的方式：① read()方法用于读取全部文本；② readline() 方法用于遍历读取每一行；③ readlines()方法一次性读取全部文本到列表。
- 用 with-as 语句处理文件对象是个好习惯，文件用完后会自动关闭，就算发生异常也没关系，可认为 with-as 语句是用于处理文件的 try-finally 块的简写。
- CSV 文件的首选处理工具是 Pandas，简单处理也可使用文件对象的 readline()方法。
- 模块 os 封装了操作系统的目录和文件操作，模块 os.path 提供了对文件路径的操作功能。
- 模块 shutil 是文件的高层次操作工具，具有复制文件、删除文件夹、压缩文件夹等功能。

7.8　习题

一、选择题

1. 关于 Python 对文件的处理，以下选项中描述错误的是＿＿＿＿＿。

A．文件使用结束后要用 close()方法关闭，释放文件的使用授权

B．Python 通过解释器内置的 open 函数打开一个文件

C．Python 能够以文本和二进制两种方式处理文件

D．当文件以文本方式打开时，读写按照字节流方式

2. 以下选项中，不是 Python 中文件操作的相关函数的是＿＿＿＿＿。

A．open　　　　　　B．read　　　　　　C．load　　　　　　D．write

3．以下选项中，不是 Python 中文件操作的相关函数的是_____。

A．write   B．readlines   C．writeline   D．open()

4．以下选项中，不是 Python 对文件的打开模式的是_____。

A．+   B．r   C．w   D．c

5．关于 Python 文件打开模式的描述，以下选项中错误的是_____。

A．创建写模式 n   B．追加写模式 a   C．覆盖写模式 w   D．只读模式 r

6．对于特别大的文本文件，以下选项中描述正确的是_____。

A．Python 无法处理特别大的文本文件

B．选择内存大的计算机，一次性读取再进行操作

C．使用 for…in 循环，分行读入，逐行处理

D．Python 可以处理特别大的文件，不用特别关心

7．关于 CSV 文件的描述，以下选项中错误的是_____。

A．CSV 文件的每一行是一维数据，可以使用 Python 中的列表类型表示

B．CSV 文件格式是一种通用的相对简单的文件格式，应用于程序之间转移表格数据

C．整个 CSV 文件是一个二维数据

D．CSV 文件通过多种编码表示字符

8．open 函数的 encoding 参数默认是_____。

A．UTF-8   B．GB2312   C．GBK   D．BIG5

9．模块 os 不能进行的操作是_____。

A．查询工作路径   B．删除空文件夹   C．复制文件   D．删除文件

10．模块 shutil 不能进行的操作是_____。

A．移动文件夹   B．创建文件夹

C．压缩文件   D．删除非空文件夹

二、程序设计题

1．把同一文件夹下的所有文本文件（.txt 结尾的文件）合并为一个，合并后的文件名为 all.txt。

2．查找出工作目录下的所有 Python 程序文件（.py 结尾的文件），然后将所有 Python 程序复制到新建文件夹 python_code 下，最后压缩该文件夹，压缩后的文件夹名称为 python_code.zip。

第8章 正则表达式

带着以下问题学习本章。

- 正则表达式能解决哪些问题？
- 正则表示式只能在程序设计语言中使用吗？
- 查找的正则函数有哪几个？
- 替换和切分的正则函数是什么？
- *、＋有什么区别？
- 为何要使用编译模式？

8.1 正则表达式简介

在开发过程中，经常会对用户输入（如手机号、身份证号、邮箱、密码、域名、IP 地址、URL）做校验。正则表达式（Regular Expression）是强大而灵活的文本处理工具，能很好地解决这类字符串校验问题。掌握正则表达式，能大大提高开发的效率。

正则表达式是由美国数学家斯蒂芬·科尔·克莱尼（Stephen Cole Kleene）于 1956 年提出的，主要用于描述正则集代数。它是一串由特定意义的字符组成的字符串，表示某种匹配的规则。正则表达式能够应用在多种操作系统中，几乎所有的程序设计语言都支持。

正则表达式最基本的 3 种功能是搜索、分组和替换。

8.2 Python 中的常用正则函数

Python 中的正则函数并不多，常用的如表 8-1 所示。

表 8-1 Python 中常用的 4 个正则函数

功能	使用示例
查找所有匹配	re.findall(pattern, string)
查找第 1 个匹配	re.search(pattern, string)
替换	re.sub(pattern, new, string)
切分	re.split(pattern, string)

"查找所有匹配"功能还可以使用 re.finditer(pattern, string)，返回的是迭代器。re.match 可以看成是 re.search 的特例，该函数仅仅匹配从行首开始的子串。

在本章的示例程序中统一了变量的命名，如单行字符串变量命名为 line，多行字符串变量命名为 lines，正则模式变量命名为 pattern。从表 8-1 中可以看出，这些函数的参数高度一致，使用好这些函数的关键是找到适合的正则模式 pattern。

8.2.1 正则函数初步使用

【任务 1】找出字符串中所有的单词（re.findall）。

字符串为"Java PHP Python C++　Perl　　　SQL"。

【代码】

```
import re

line = "Java PHP Python C++  Perl    SQL"
pattern = r'\w+'
r = re.findall(pattern, line)
print(r)
# ['Java', 'PHP', 'Python', 'C', 'Perl', 'SQL']
```

说明：\w 表示字母、数字或下画线，+表示至少出现一次，相当于[A-Za-z0-9_]。re.findall 返回的是列表。

【任务 2】检测特定模式是否存在于字符串中（re.search）。

【代码】

```
import re

line = "Java PHP Python C++  Perl    SQL"
pattern = r'[P|p]ython'
if re.search(pattern, line):
    print("exist")
else:
    print("don't exist")
# exist
```

说明：函数 re.search 扫描整个字符串以查找匹配。Python 还提供了函数 re.match，该函数尝试从字符串的起始位置匹配一个模式，如果不是在起始位置匹配成功，则返回 none。re.match 可以认为是 re.search 的特例，可以通过在 pattern 中指定匹配行首（使用^）来替代。

【任务 3】把字符串中的空格替换为逗号（re.sub）。

【代码】

```
import re

line = "Java PHP Python C++  Perl    SQL"
pattern = r'\s+'
new = ','
r = re.sub(pattern, new ,line)
print(r)
# Java,PHP,Python,C++,Perl,SQL
```

说明：空白包含空格、Tab、回车、换行等符号，用\s 表示，+表示至少出现一次。re.sub 返回的是替换后的字符串。

【任务 4】根据空白来切分字符串（re.split）。

【代码】

```
import re

line = "Java PHP Python C++  Perl     SQL"
pattern = r'\s+'
r = re.split(pattern, line)
print(r)
# ['Java', 'PHP', 'Python', 'C++', 'Perl', 'SQL']
```

说明：re.split 返回的是列表。

8.2.2　查找所有匹配（re.findall）

【任务 1】找出字符串中所有的 "Python"，注意大小写必须完全一致。

字符串为 "Java Python PHP Python SQL python Python PYTHON"。

【代码】

```
import re

line = "Java Python PHP Python SQL python Python PYTHON"
pattern = r'Python'
r = re.findall(pattern, line)
print(r)
# ['Python', 'Python', 'Python']
```

说明：字符串 "Python" 本身是纯文本，所以看起来可能不像是正则表达式，但它的确是。正则表达式可以包含纯文本，甚至只包含纯文本。当然，像这样使用正则表达式是一种浪费，但可以把这作为学习正则表达式的起点。

【任务 2】找出字符串中所有的 "Python" 或 "python"，注意大小写必须完全一致。

字符串为 "Java Python PHP Python SQL python Python PYTHON"。

【代码】

```
import re

line = "Java Python PHP Python SQL python Python PYTHON"
pattern = r'[P|p]ython'
r = re.findall(pattern, line)
print(r)
# ['Python', 'Python', 'python', 'Python']
```

说明：模式 '[P|p]ython' 中的方括号 [ ] 定义了字符集合，竖线 | 表示或，也可不用。

【任务 3】找出字符串中所有的 "python"，不区分大小写。

字符串为 "Java Python PHP Python SQL python Python PYTHON"。

【代码】

```
import re
```

```
line = "Java Python PHP Python SQL python Python PYTHON"
pattern = r'python'
r = re.findall(pattern, line, re.I)
print(r)
# ['Python', 'Python', 'python', 'Python', 'PYTHON']
```

说明：这里使用了修饰符 re.I，使匹配对大小写不敏感。多个标识可以通过按位 OR(|)来指定。例如，re.I | re.M 被设置成 I 和 M 标识。

【任务 4】找出字符串中所有的单词。

字符串为"Java Python PHP Python SQL python Python PYTHON"。

【代码】

```
import re

line = "Java Python PHP Python SQL python Python PYTHON"
pattern = r'\w+'
r = re.findall(pattern, line)
print(r)
```

说明：这里使用了\w 和+。\w 表示只能匹配字母、数字字符和下画线，相当于[A-Za-z0-9_]；+表示匹配一个或多个字符。

【任务 5】找出每一行的第 1 个单词（re.findall）。

【代码】

```
import re

line = """
Java was developed by Sun Microsystems Inc in 1991
Python was created in 1991 by Guido van Rossum.
PHP scripts are executed on the server.
"""
pattern = r'^\w+'
r = re.findall(pattern, line, re.M)
print(r)
# ['Java', 'Python', 'PHP']
```

说明：这里用到了^和 re.M。^表示从每一行的行首开始匹配，re.M 表示是多行模式。如果没有使用 re.M，查找结果为空，因为这里的第 1 行为空白，找不到任何字母和数字。

8.2.3 查找第一个匹配（re.search）

【任务 1】在字符串中查找日期。

字符串为"order date: 31-08-2019 delivery date: 15-09-2019"。

【代码】

```
import re

line = "order date: 31-08-2019  delivery date: 15-09-2019"
```

```
pattern = r'\d{1,2}-\d{1,2}-\d{4}'
print(re.search(pattern, line))
print(re.findall(pattern, line))
# <_sre.SRE_Match object; span=(12, 22), match='31-08-2019'>

# ['31-08-2019', '15-09-2019']
```

说明：\d{1,2}表示数字出现 1 次或 2 次，\d{4}表示数字出现 4 次。re.search 的作用是判断给定的模式是否在字符串中出现。如果未出现，则返回 None；如果出现，则返回第 1 个匹配的字符串和位置。

更详细的示例如下。

```
import re

line = 'order date: 31-08-2019  delivery date: 15-09-2019'
pattern = r'\d{1,2}-\d{1,2}-\d{4}'
r = re.search(pattern, line)
if (r):
    print(r.group())          # 31-08-2019
    print(r.span())           # (12, 22)
    print(r.start(), r.end()) # 12 22
```

说明：为了增强程序的健壮性，这里的条件判断不能省略。re.search 函数返回的是 MatchObject 对象，如果找不到匹配，则该对象为空。MatchObject 对象的 span()方法返回第 1 个匹配的字符串的起始位置和结束位置的元组。

从上面的示例可以发现，函数 re.findall 可以找出所有匹配的字符串，但没有匹配串的位置信息；而函数 re.search 能找出第 1 个匹配的字符串，并且提供了匹配串的位置信息。

通常情况下，函数 re.findall 能够满足基本的使用需求。如果要找出所有的匹配串及其位置信息，该怎么做呢？解决办法是使用方法 re.finditer()。

【代码】

```
import re

line = 'order date: 31-08-2019  delivery date: 15-09-2019'
pattern = r'\d{1,2}-\d{1,2}-\d{4}'
rs = re.finditer(pattern, line)
for r in rs:
    print(r.group())
    print(r.span())
    print(r.start(), r.end())

# 31-08-2019
# (12, 22)
# 12 22
# 15-09-2019
# (39, 49)
```

```
# 39 49
```

【任务2】在字符串中查找年、月、日。

字符串为"order date: 31-08-2019 delivery date: 15-09-2019"。

【代码】

```
import re

line = 'order date: 31-08-2019  delivery date: 15-09-2019'
pattern = r'(\d{1,2})-(\d{1,2})-(\d{4})'
r = re.search(pattern, line)
if (r):
    print(r.group(0))              # 31-08-2019
    print(r.group(3))              # 2019
    print(r.group(2))              # 08
    print(r.group(1))              # 31
    print(r.span(3))               # (18, 22)
    print(r.start(3), r.end(3))    # 18 22
```

说明：在正则表达式中，使用小括号来识别分组。这里要找到年、月、日，所以使用了3个分组。仔细观察，函数 group、span、start、end 都是可以设置参数的，默认参数为 0，此时表示的是整个匹配串。

8.2.4 替换（re.sub）

【任务1】去除字符串中的注释。

字符串为"c = a + b # This is a demo"。

【代码】

```
import re

line = "c = a + b # This is a demo"
pattern = r'#.*'
r = re.sub(pattern, '' ,line)
print(r)
# c = a + b
```

说明：.表示可以匹配任何字符，*表示匹配零个或多个字符。

【任务2】删除字符串中描述颜色的单词。

字符串为"red hat and blue T-shirt"。

【代码】

```
import re

line = "red hat and blue T-shirt"
pattern = r'(white|red|blue)\s+'
r = re.sub(pattern, '' ,line)
print(r)
```

```
# hat and T-shirt
```

说明：这里除了删除表示颜色的单词外，还删除了颜色单词后面的空格。\s 表示空格，包括空格、Tab、换行和回车，相当于[\t\r\n\f]，+表示至少出现一次。

【任务 3】重新排列日期顺序。

例如，15/09/2018 18:17 替换为 2018-09-15 18:17。

【代码】

```
import re


line = '15/09/2018 18:17'
pattern = r'(\d{2})/(\d{2})/(\d{4}).*(\d{2}):(\d{2})'
new = r'\3-\2-\1 \4:\5'
line = re.sub(pattern, new, line)
print(line)
```

说明：这里只用到了分组，使用小括号来界定。pattern 中的 5 个分组分别是日期、月份、年份、小时和分钟，引用这些分组则使用\1 \2 \3 \4 \5。

8.3 RegexOne 的闯关游戏

学习正则表达式的基础知识时会遇到这样的困惑：看上去每个知识点都不是很难，但真要写程序来解决问题，就无从下手。如果能像玩游戏一样，一步一步地通过动手来逐步提高，对巩固所学知识就太有帮助了。

这里介绍的网站就是通过简单的交互式练习来帮助学习正则表达式的网站，练习分为两类：15 个基本练习（All Lessons）和 8 个实用问题练习（Practice Problems），后者有一定的难度。网站的界面如图 8-1 所示。

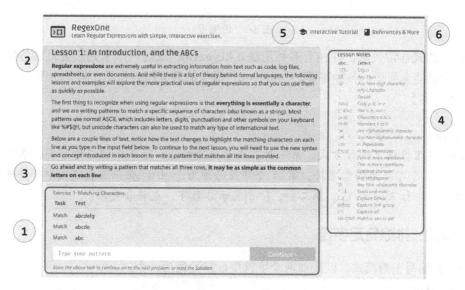

图 8-1　RegexOne 网站界面

网站各个区块的功能如下：

① 最重要的部分，要求输入正则模式，能自动判断是否正确。

② 介绍完成练习所需的知识。

③ 练习的具体要求。

④ 正则表达式的速查表（Cheat Sheet）。

⑤ 练习列表，可以从中选取某个练习直接开始，不必每次从头做起。

⑥ 常用程序设计语言（如 C#、JavaScript、Java、PHP、Python）使用正则表达式的指南。

8.3.1 闯关：通配符

下面以通配符为例来介绍具体使用。

如图 8-2 所示，练习要求输入正则模式来匹配（Match）前 3 个字符串，排除（Skip）最后一个字符串。右侧显示的速查表会动态变化，当前练习需要用到的内容会高亮显示。如果输入的内容符合要求，按钮"Continue"会激活，单击就可以进入下一个练习。如果实在不知道怎么做，可以单击下方的链接"Solution"来查看参考答案。

图 8-2 通配符

正则表达式非常灵活，往往有多种用法。RegexOne 通过程序来判断提供的答案是否符合要求，所以能全面评估各种答案。"Solution"提供的答案相对常见，但并不唯一。

【参考答案】

```
...\.
...[^\d]
```

说明：这里提供了两种方式。第一种，点号是通配符，可以匹配任意字符，本题的特征可概况为前 3 个字符为任意字符，第 4 个字符必须为.。由于.在正则表达式中有特殊用途，因此需要用反斜杠来转义 \. 。第二种，[^\d]表示非数字，也符合要求。

8.3.2 闯关：排除特定字符

【要求】编写正则模式，匹配前两个字符串，排除最后一个。

```
Match    hog
Match    dog
```

Skip	bog

提示：[^abc]　Not a, b, nor c

【参考答案】

[^b]og
[hd]og

说明：[^b]og 表示 og 前面是除 b 以外的任意字符，[hd]表示 h 或者 d 中的一个。中括号表示集合，如[A-Za-z]表示所有英文字母，而[^abc]表示除了 a、b、c 外的任何字符。

8.3.3　闯关：重复次数

【要求1】编写正则模式，匹配前两个字符串，排除最后一个。

Match	wazzzzzup
Match	wazzzup
Skip	wazup

提示：{m}　　m Repetitions {m,n} m to n Repetitions

【参考答案】

waz{3,5}up
wazz+up

说明：正则表达式中有两种方式来说明字符重复出现的次数。z{3,5}表示字符 z 出现3～5 次，z+表示字符 z 至少要出现一次，zz+的意思是字符 z 至少要出现两次。

【要求2】编写正则模式，匹配前 3 个字符串，排除最后一个。

Match	aaaabcc
Match	aabbbbc
Match	aacc
Skip	a

提示：* Zero or more repetitions +　　One or more repetitions

【参考答案】

aa+b*c+
a{2,4}b{0,4}c{1,2}
a.+
a\w+

说明：*比+的表达范围更广，可表示字符出现 0 次。

8.4　编译模式 re.compile 和匹配参数

在 Python 中使用正则表达式时，re 模块内部会完成两件事情：

1）编译正则表达式，如果正则表达式的字符串本身不合法，会报错。

2）用编译后的正则表达式去匹配字符串。

如果一个正则表达式要重复使用很多次，出于效率的考虑，建议编译该正则表达式，以后重复使用时就不需要再次编译，直接匹配即可。

方法 re.compile()是 pattern 类的工厂方法，用于将字符串形式的正则表达式编译为

pattern 对象。re.compile()方法的第二个参数 flag 是匹配模式，取值可以使用按位或运算符 "|" 表示同时生效，比如 re.I | re.M。

【代码】

```
import re

line = "Java Python PHP Python SQL python Python PYTHON"
pattern = r'python'
r = re.findall(pattern, line, re.I)
print(r)
# ['Python', 'Python', 'python', 'Python', 'PYTHON']
```

使用 re.compile 实现的代码如下。

```
import re

line = "Java Python PHP Python SQL python Python PYTHON"
pattern = re.compile(r'python', re.I)
r = pattern.findall(line)
print(r)
```

参数 flag 的可选值说明如表 8-2 所示。

表 8-2　参数 flag 的可选值说明

参数	英文全拼	说明
re.I	IGNORECASE	忽略大小写
re.M	MULTILINE	多行模式，改变 "^" 和 "$" 的行为
re.S	DOTALL	点任意匹配模式，改变 "." 的行为
re.L	LOCALE	使预定字符类取决于当前区域设定
re.U	UNICODE	使预定字符类取决于 Unicode 定义的字符属性
re.X	VERBOSE	详细模式。正则表达式可以为多行，忽略空白字符，并可加入注释

8.5　小结

- 正则表达式在高级文本工具、Linux 命令、程序设计中具有广泛的应用。
- 正则表达式最基本的 3 种功能是搜索、分组和替换。
- 使用 4 个常用函数 re.findall、re.search、re.split 和 re.sub 的关键是找出特定的模式 pattern。
- 交互式练习网站的使用有助于掌握正则表达式的核心使用方法。

8.6　习题

一、选择题

1. 正则表达式中的 "\s" 表示_____。

A．非空格　　　　　B．空格　　　　　　C．非数字　　　　　D．数字

2．正则表达式中的"^"符号，用在一对中括号中表示要匹配_____。

A．字符串的开始　　　　　　　　　B．除中括号内的其他字符

C．字符串的结束　　　　　　　　　D．仅中括号内含有的字符

3．正则表达式中的特殊字符_____用于匹配字母、数字或下画线。

A．\d　　　　　　　B．\D　　　　　　　C．\w　　　　　　　D．\s

4．Python 中用于查找所有匹配模式的函数是_____。

A．re.search　　　　B．re.findall　　　　C．re.sub　　　　　D．re.split

二、填空题

1．找出字符串中的所有数字，返回列表。语句执行后，返回 ['1', '33', '999', '10']。

re.findall(r'___', "A1b33C999D10E")

2．写一个正则表达式_____，使其能同时识别下面所有的字符串。

'bat','bit', 'but', 'hat', 'hit', 'hut'。

3．设计正则表达式_____来匹配 QQ 号码，QQ 号为 5～12 位的数字。

4．设计正则表达式_____，匹配 11 位的中国大陆手机号码。

三、操作题

1．RegexOne 提供了 15 个交互式练习，前面 10 个相对简单，测试一下第 1 次完成需要多久？完成后面 5 个要多久？提示：可以查看答案（Solution）。

2．RegexOne 提供了 8 个实用问题，包括匹配数字、电话号码、邮件、HTML、文件名等。这些问题的难度较高，但用法固定，变化不大，尝试理解这些问题的正则表达式。

第9章 爬虫入门

带着以下问题学习本章。

- 什么是爬虫?
- 如何抓取网页中的表格?
- requests 库可获得哪些页面信息?
- 如何获取网页?
- 如何分析网页的结构?
- 如何获得网页中的内容节点?
- 如何从节点中提取信息?

9.1 网络爬虫简介及基本处理流程

人类社会已经进入大数据时代,大数据深刻地改变着人们的工作和生活方式。随着移动互联网、社交网络、物联网等领域的迅猛发展,各种数量庞大、种类繁多、可随时随地产生和更新的大数据,蕴含着前所未有的社会价值和商业价值。大数据成为 21 世纪最为重要的经济资源之一。对大数据的获取、处理与分析,以及基于大数据的智能应用,已成为提高未来竞争力的关键要素。

但如何获取这些宝贵数据呢? 网络爬虫就是一种高效的信息采集利器,利用它可以快速、准确地采集人们想要的各种数据资源。

9.1.1 网络爬虫的概念

网络爬虫(Web Crawler)是按照一定的规则自动地抓取互联网信息的程序或者脚本。它们被广泛用于互联网搜索引擎或其他类似网站,可以自动采集所有其能够访问到的页面内容,以获取或更新这些网站的内容。

爬虫一般具有数据采集、处理、储存 3 种功能。传统爬虫获得初始网页上的 URL,在抓取网页的过程中,不断从当前页面上抽取新的 URL 放入队列,直到满足系统的停止条件。

9.1.2 使用爬虫的风险

爬虫可访问服务器上的数据,这也带来了不少问题,主要有:

1)网络爬虫给服务器带来了巨大的资源开销。爬虫访问网站的速度比人类的速度快上百倍甚至上千倍,给服务器带来巨大的资源开销,影响了网站为普通用户提供的服务,扰乱了网站的正常经营。

2）网络爬虫会带来法律风险。服务器上的数据有产权归属，如新浪上的新闻归新浪所有。如果使用网络爬虫获取的数据用于商业目的，就会带来法律风险。

3）网络爬虫会造成隐私泄露。网络爬虫具备突破简单访问控制的能力，能大批量地获得网站的被保护数据，从而泄露个人隐私。

开发网络爬虫时，要遵守 Robots 协议（也称为爬虫协议、机器人协议等）。Robots 协议的全称是"网络爬虫排除标准"，网站通过 Robots 协议告诉搜索引擎哪些页面可以抓取，哪些页面不能抓取。

Robots 协议是国际互联网界通行的道德规范，是一个"君子协定"，并不能保护网站的隐私。

访问 https://www.jd.com/robots.txt 可获得京东的 robots 文件，协议内容如下：

```
User-agent: *
Disallow: /?*
Disallow: /pop/*.html
Disallow: /pinpai/*.html?*
User-agent: EtaoSpider
Disallow: /
User-agent: HuihuiSpider
Disallow: /
User-agent: GwdangSpider
Disallow: /
User-agent: WochachaSpider
Disallow: /
```

我国逐渐重视对网络爬虫的法律规制。2019 年 5 月 28 日，国家互联网信息办公室发布的《数据安全管理办法（征求意见稿）》第十六条中首次出现了对网络爬虫规制的内容。

第十六条内容如下：

网络运营者采取自动化手段访问收集网站数据，不得妨碍网站正常运行；此类行为严重影响网站运行，如自动化访问收集流量超过网站日均流量三分之一，网站要求停止自动化访问收集时，应当停止。

即使有些网站没有设置 robots.txt 文件，也需要注意设定爬虫的访问频率，避免给网站带来性能上的负担。

9.1.3　网络爬虫的基本处理流程

网络爬虫的基本处理流程可分为 4 个步骤。

1）发起请求：通过 URL 向服务器发起 request 请求，请求可以包含额外的 header 信息。

2）获取响应内容：如果服务器正常响应，会收到一个 response（所请求的网页内容），如 HTML、JSON 字符串或者二进制的数据（视频、图片）等。

3）解析内容：如果是 HTML 代码，则可以使用网页解析器进行解析；如果是 JSON 数据，则可以将其转换成 JSON 对象解析；如果是二进制的数据，则可以保存到文件进一步处理。

4）保存数据：可以保存到本地文件夹或数据库（MySQL、Redis、MongoDB 等）。

然而，不同的网站结构不一、布局不同、渲染方式多样，有的网站还专门采取了一系列

"反爬"的防范措施。开发爬虫程序需要掌握多方面的知识和技能。为了突出重点，本章集中在解析内容上。

9.2 实战：Pandas 获取中国企业 500 强榜单

如果要抓取网页中的表格，可以尝试使用 Pandas 库来实现，简洁易用。需要注意的是，有些网站上的表格是使用动态技术渲染出来的，此时无法使用该方法。

【任务】抓取财富网站中 2018 年中国企业 500 强的榜单。

2018 年中国企业 500 强发布在财富官网，网址为：http://www.fortunechina.com/fortune500/c/2018-07/10/content_309961.htm

500 强榜单显示在表格中，由于内容太多，默认每页只显示 50 条记录，可以调整每页显示的记录数量，也可以翻页查看更多的记录，如图 9-1 所示。由于内容是表格（<table>标签），因此可以使用 Pandas 库的 read_html()方法来获取表格。 

每页显示 50 ⬍ 条记录			输入关键字检索：		
排名▲	上年排名⬍	公司名称(中文)		营业收入⬍(百万元)	利润⬍(百万元)
1	1	中国石油化工股份有限公司		2360193.0	51119.0
2	2	中国石油天然气股份有限公司		2015890.0	22793.0
3	3	中国建筑股份有限公司		1054106.5	32941.8
4	5	中国平安保险（集团）股份有限公司		890882.0	89088.0
49	72	厦门国贸集团股份有限公司		164650.78	1907.3
50	52	广汇汽车服务股份公司		160711.52	3884.36
从 1 到 50 共 500 条			首页 上页 1 2 3 4 5 下页 末页		

图 9-1　财富网站中 2018 年中国企业 500 强页面截图

【代码】

```python
import pandas as pd

url = 'http://www.fortunechina.com/fortune500/c/2018-07/10/content_309961.htm'
df = pd.read_html(url, header=0)[0]
df.head(5)
```

显示效果如图 9-2 所示。

说明：

1）read_html()方法的参数 header=0 表示把第 1 行作为表头，而不是作为普通数据。

2）[0]表示抓取页面的第 1 个表格。

由此可见，Pandas 库在获取表格数据方面非常强大。

	排名	上年排名	公司名称(中文)	营业收入(百万元)	利润(百万元)
0	1	1	中国石油化工股份有限公司	2360193.00	51119.00
1	2	2	中国石油天然气股份有限公司	2015890.00	22793.00
2	3	3	中国建筑股份有限公司	1054106.50	32941.80
3	4	5	中国平安保险（集团）股份有限公司	890882.00	89088.00
4	5	4	上海汽车集团股份有限公司	870639.43	34410.34

图 9-2　使用 Pandas 获取的财富网站中 2018 年中国企业 500 强

9.3　使用 requests 库获取网页

Python 内置的 urllib 库用于访问网络资源，但是它使用起来并不方便，而且缺少很多实用的功能，更好的方案是使用 requests 库。

requests 库是简洁地处理 HTTP 请求的第三方库，其最大的优点是程序编写过程更接近正常 URL 访问的过程，这个库建立在 urllib3 的基础上。这种在其他函数库之上封装功能以提供更友好函数的方式在 Python 中很常见。

requests 库支持丰富的链接访问功能，包括国际域名和 URL 获取、HTTP 长连接和连接缓存、HTTP 会话和 cookie 保持、浏览器使用风格的 SSL 验证、基本的摘要认证、有效的键值对 cookie 记录、自动解压缩、自动内容解码、文件分块上传、HTTP(S)代理功能、连接超时处理、流数据下载等。

【任务 1】获取"古诗文网"的首页。

古诗文网的网址为 https://www.gushiwen.com/。

【方法】获取网页可以通过 requests 库的 get 函数。

【代码】

```
import requests

url = 'https://www.gushiwen.com/'
headers = {'User-Agent': 'Mozilla/5.0 (X11; Linux i686) \
    AppleWebKit/537.17 (KHTML, like Gecko) Chrome/24.0.1312.27 Safari/537.17'}
r = requests.get(url, headers=headers, verify=False)
r.encoding='UTF-8'
print(type(r))              # <class 'requests.models.Response'>
print(r.status_code)       # 200
print(type(r.text))        # <class 'str'>
print(r.text)              # 获取的网页，内容较多
print(r.cookies)           # <RequestsCookieJar[]>
```

说明：

1）很多网站只认可浏览器发送的访问请求，而不认可通过 Python 发送的访问请求。为了解决这个问题，需要设置 headers 参数，以模拟浏览器的访问请求。headers 参数提供的是网站访问者的信息，headers 中的 User-Agent（用户代理）表示所使用的浏览器。requests.get()

中的 verify=False 表示证书验证设为 False。

2）requests 会基于 HTTP 头部对响应的编码做出有根据的推测，但未必准确，使用 r.encoding 指定编码。

3）status_code 为响应状态码。200：代表成功；301：代表跳转；404：代表文件不存在；403：代表无权限访问；502：代表服务器错误。

通过 r.text 获取的网页文本保存在字符串中，由于内容较多，只截取开始部分，内容如下。

```
<html xmlns="http://www.w3.org/1999/xhtml">

<head>
<meta name="viewport" content="width=device-width, initial-scale=1" />
      <meta http-equiv="Content-Type" content="text/html; charset=UTF-8">
<meta name="keywords" content="唐诗三百首,宋词,元曲,明清小说">
<meta name="description" content="古诗文网作为传承经典的网站成立于 2011 年。古诗文网专
注于古诗文服务,致力于让古诗文爱好者更便捷地发表及获取古诗文相关资料。">
<title>古诗文网-谈笑有鸿儒,往来无白丁</title>
...
```

【任务 2】下载古诗文网的 LOGO 到本地。

古诗文网的 LOGO 如图 9-3 所示，该图片的网址可以从首页中提取。

【方法】使用 requests 的 get()方法来获取，然后作为文件保存到本地。

图 9-3　古诗文网的 LOGO

【代码】

```
import requests

r = requests.get("https://www.gushiwen.com/tpl/static/images/allico.png")
with open('allico.png', 'wb') as f:
    f.write(r.content)
```

说明：

r.content 获取的是图片，数据类型为 Bytes，如果强制打印输出，显示如下：

b'\x89PNG\r\n\x1a\n\x00\x00\x00

提示：这里使用"古诗文网"作为示例，是由于该网站目前还没有采取反爬虫措施，也没有采用 Ajax 等技术动态加载页面，适合新手练习。

9.4　使用 BeautifulSoup4 库解析网页

BeautifulSoup 提供简单的、Python 式的函数来处理导航、进行搜索、修改分析树等。它是一个工具箱，通过解析文档为用户提供需要抓取的数据。由于 BeautifulSoup 使用简单，所以不需要多少代码就可以写出一个完整的应用程序。

BeautifulSoup 已成为与 lxml、html5lib 一样出色的 Python 解析器。BeautifulSoup3 目前已经停止开发，不过它已经被移植到 BeautifulSoup4 了，推荐使用 BeautifulSoup4，导入时写为"import bs4"。

BeautifulSoup 可将复杂的 HTML 文档转换成树形结构，每个节点都是 Python 对象。解析网页的核心可以归结为两点：获取节点和从节点中提取信息。

9.4.1　从节点中提取信息

【任务 1】从段落标记中提取出第 1 个段落的文本。

段落片段为\<p>Hello\</p>\<p>BeautifulSoup\</p>。

【方法】创建 BeautifulSoup 对象，获取段落节点，再调用 string 属性来获取文本的值。

```
from bs4 import BeautifulSoup

soup = BeautifulSoup('<p>Hello</p><p>BeautifulSoup</p>', 'lxml')
print(soup)                 # <html><body><p>Hello</p></body></html>

print(type(soup.p))         # <class 'bs4.element.Tag'>
print(soup.p)               # <p>Hello</p>
print(soup.p.name)          # p
print(soup.p.string)        # Hello
```

说明：

1）第 2 行创建了 BeautifulSoup 对象，第 1 个参数可以是完整的 HTML 文本字符串或本地文件，也可以是 HTML 片段。如果是片段，会自动补全为完整的 HTML 文本。

2）在标签唯一的情况下，可直接使用标签作为属性值来获得节点。如果有多个同类标签，如这里有两个段落，则 soup.p 只能代表第 1 个。节点类型为 bs4.element.Tag，这是 BeautifulSoup 最为常用的对象。

3）获得节点后，可使用属性 name 和 string 来获取标签的名称和文本的值。

【任务 2】从超链接中提取所有属性。

包含超链接的 HTML 片段为 \<li>\<a class='season green' href="spring.html">春天\</a>\</li>。

【方法】节点通常包括标签和文本，如图 9-4 中的①和③。节点的属性是可选的，位于标签名的后面，可以有多个，采用的是键值对的方式。图 9-4 中有两个属性，分别是 class 和 href。选择节点元素后，可以调用 attrs 获取所有属性。

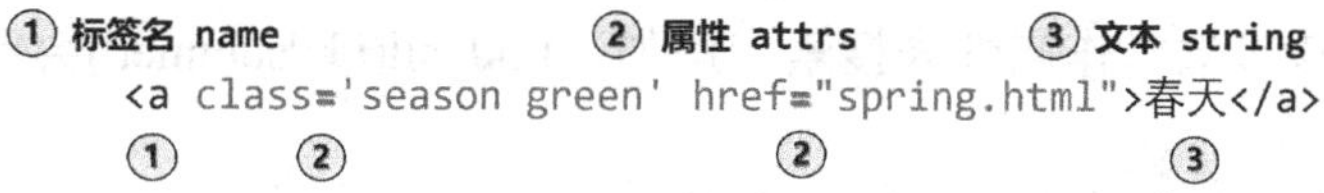

图 9-4　节点的 3 要素：标签名 name、属性 attrs 和文本 string

【代码】

```
html = """<li><a class='season green' href="spring.html">春天</a></li>"""
soup = BeautifulSoup(html, 'lxml')
```

```
print(soup.a.string)          # 春天
print(soup.li.string)         # 春天
print(soup.a['href'])         # spring.html
print(soup.a['class'])        # ['season', 'green']
print(soup.a.attrs)
# 字典类型 {'class': ['season', 'green'], 'href': 'spring.html'}
```

说明：

1）这里使用 li 和 a 方法得到的节点的文本形式是相同的，都是"春天"。

2）这里有两个属性：class 和 href。

3）调用 attrs 可获取所有属性，返回的对象是字典类型，soup.a['href']的完整形式是 soup.a.attrs['href']。

9.4.2 获取节点的主要方式

BeautifulSoup 提供了多种方式来获取节点，主要有两种：第一种是方法 find_all()和 find()，第二种是 CSS 选择器。

每个节点都有 3 个属性，即标签名、属性、文本，方法 find_all()和 find()也针对这 3 个属性来搜索节点。从名称上也能看出来，find_all()搜索所有满足要求的节点，find()搜索满足要求的第一个节点。find_all()的主要参数如图 9-5 所示。

图 9-5　方法 find_all()的主要参数

方法 find_all()的参数 recursive、limit 和 **kwargs 说明如下。

1）recursive：默认值为 True，检索当前 tag 的所有子孙节点。如果只想搜索 tag 的直接子节点，可以使用参数 recursive=False。

2）limit：默认返回所有搜索结果。如果文档树很大，不需要全部结果，可以使用 limit 参数限制返回结果的数量，效果与 SQL 中的 limit 关键字类似。

3）**kwargs: 如果一个指定名称的参数不是搜索内置的参数名（name、attrs、string 等），搜索时会把该参数当作属性来搜索。例如，find_all(id='summer')会看作 find_all(attrs= {'id': 'summer'})。

【任务】从超文本片段中输出节点"夏天"。

超文本片段如下。

```
html = """<ul><p>一年有四个季节：</p>
    <li><a class='season green' href="spring.html">春天</a></li>
    <li><a class='season red' id='summer' href="summer.html">夏天</a></li>
```

```
<li><a class='season yellow' href="autumn.html">秋天</a></li>
<li><a class='season white' href="winter.html">冬天</a></li></ul>"""
```

【方法 1】使用 find_all()找出所有的季节，共 4 个，从 0 开始编号，第 2 个节点（序号为[1]）就是"夏天"。

【代码】

```
soup = BeautifulSoup(html, 'lxml')
print(soup.find_all('a')[1].string)
print(soup.find_all('a', class_='season')[1].string)
print(soup.find_all('a', {'class':'season'})[1].string)
print(soup.find_all('a', attrs={'class':'season'})[1].string)  # 完整形式
```

说明：

1）第 2 行：省略了参数名 name，完整形式为 find_all(name='a')。

2）第 3 行：class 比较特殊，是 Python 中的关键字，所以用 class_；另外，class_不属于方法的参数，使用**kwargs 传递。

3）第 4 行：参数为标签名和字典，字典省略了参数名 attrs。

4）第 5 行：完整形式。

【方法 2】使用 find_all()精准定位夏天，得到唯一的结果，使用序号[0]获取。

【代码】

```
print(soup.find_all('a', id='summer')[0].string)
print(soup.find_all('a', href="summer.html")[0].string)

print(soup.find_all('a', {'id':'summer'})[0].string)
print(soup.find_all('a', {'href':'summer.html'})[0].string)

print(soup.find_all(string='夏天')[0].string)
print(soup.find_all(string=re.compile('夏'))[0].string)
```

说明：

1）前 2 行：使用节点名称和属性组合的方式来获取，以字典**kwargs 传递。如果使用 find 函数，代码为 soup.find(id='summer').string。

2）中间 2 行：使用节点名称和属性组合的方式来获取，自动匹配关键字参数 name 和 attrs。

3）最后 2 行：使用文本匹配和正则表达式的方式在文本中搜索，关键字参数 string 不能省略，否则会默认是参数 name。

【方法 3】使用 CSS 选择器 select 和 select_one，标签名不加任何修饰，类名前加点，id 名前加#。

【代码】

```
print(soup.select('a')[1].string)
print(soup.select('ul a')[1].string)
print(soup.select('.season')[1].string)
print(soup.select('.red')[0].string)
print(soup.select_one('.red').string)          # 使用 select_one 获取第 1 个
```

```
print(soup.select('ul .season')[1].string)
print(soup.select('#summer')[0].string)
print(soup.select('li > .season')[1].string) # 在子标签中查找
print(soup.select('ul > li')[1].string)        # 在子标签中查找
```

说明：

1）第2行：组合查找，两者需要用空格分开。

2）第3~4行：类名前加点，如.season。

3）第7行：id名前加#。按照CSS规范的写法，页面中的id是唯一的。

4）第8行：在子标签中查找。

9.5 实战：爬取唐诗三百首

古诗文网站中唐诗三百首的网址：https://so.gushiwen.org/gushi/tangshi.aspx。

图 9-6 所示是部分页面的截图。

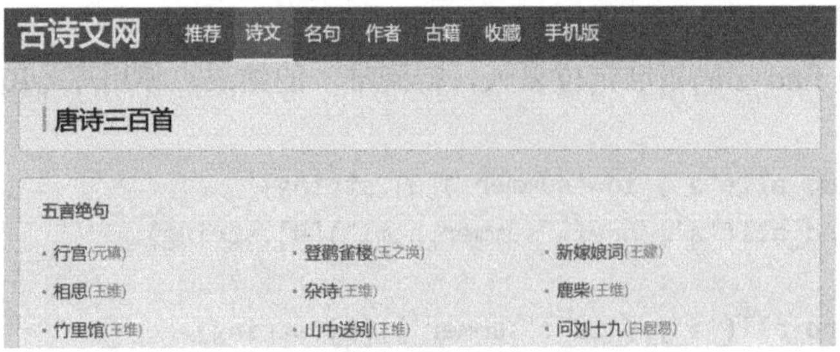

图 9-6 古诗文网站中唐诗三百首部分页面截图

小知识 唐诗三百首

清代康熙年间编订的《全唐诗》，收录诗 48900 多首，普通人难以全读；此后沈德潜以《全唐诗》为蓝本，编选《唐诗别裁》，收录诗 1928 首，普通人也难以全读。清代乾隆年间，蘅塘退士以《唐诗别裁》为蓝本，编选《唐诗三百首》收录诗 310 首，成为流传最广、影响最大的唐诗普及读本。

【任务1】统计页面上的唐诗数量。

【方法】分析某一首唐诗对应的 HTML 代码，如排在第 1 个的是元稹的《行宫》。HTML 代码如下。统计页面上唐诗数量的一个简单思路是统计标签<span>出现的次数。

```
<span><a href="/shiwenv_45c396367f59.aspx" target="_blank">行宫</a>(元稹)</span>
```

【代码】

```
import requests
from bs4 import BeautifulSoup


url = 'https://so.gushiwen.org/gushi/tangshi.aspx'
r = requests.get(url)
soup = BeautifulSoup(r.text)
```

```
spans = soup.find_all('span')
print(len(spans))  # 320
```

"320"这个数字有可能比实际的唐诗数量多，因为有可能不是所有唐诗的标题都使用
<span>标签。所以继续下面的任务，统计五言绝句、七言绝句、五言律诗等体裁的诗各有多
少首。

【任务2】统计各种体裁的唐诗的数量。

古诗文网把唐诗三百首按照体裁排列，现在的任务是统计各种体裁的唐诗数量，如
下所示。

五言绝句 29
七言绝句 51
五言律诗 80
七言律诗 53
五言古诗 35
七言古诗 28
乐府 44
合计：320 首

【代码】

```
types = soup.find_all('div', {'class': 'typecont'})
tot = 0
for t in types:
    bookMl = t.find('div', {'class': 'bookMl'})
    span = t.find_all('span')
    print(bookMl.string, end=' ')          # 体裁类型的名称，如五言绝句
    print(len(span))                        # 每种体裁类型的数量
    tot += len(span)
print('合计: %d 首' % (tot))
```

下面分析如何设计上述代码。

第1步：使用谷歌浏览器的"审查"模式分析页面，如图9-7所示。

```
▼<div class="main3">
  ▼<div class="left">
    ▶<div class="title">…</div>
    ▼<div class="sons">
      ▶<div class="typecont">…</div>
      ▶<div class="typecont">…</div>
      ▶<div class="typecont">…</div>
      ▶<div class="typecont">…</div>
      ▶<div class="typecont">…</div>
      ▶<div class="typecont">…</div>
      ▶<div class="typecont" style="border:0px;">…</div>
    </div>
    ▶<div style="height:auto; width:670px; clear:both; margin-top:20px;
    </div>
  ▶<div class="right">…</div>
  </div>
```

图9-7 使用谷歌浏览器的"审查"模式分析页面

通过网页视图可以发现，五言绝句、七言绝句等 7 种体裁对应 class="typecont"的 7 个
<div>。使用下面的语句提取体裁类型。

```
types = soup.find_all('div', {'class': 'typecont'})
```

第 2 步：在每个<div>中需要做两件事：一是提取体裁的名称，如五言绝句；二是统计<div>中的<span>数量。

分析体裁所在位置的 HTML 代码，如下所示。

```
<div class="bookMl"><strong>五言绝句</strong></div>
```

如果用 t 表示某个体裁，则下面的代码可以获得体裁的名称和该体裁的所有唐诗。

```
bookMl = t.find('div', {'class': 'bookMl'})
span = t.find_all('span')
```

第 3 步：汇总各类体裁的总数量。这一步很简单，设置变量 tot 来计数。

【任务 3】统计入选唐诗三百首最多的前 10 个诗人。

该任务的输出如下。

```
[('杜甫', 39),
 ('李白', 34),
 ('王维', 29),
 ('李商隐', 24),
 ('孟浩然', 15),
 ('韦应物', 12),
 ('刘长卿', 11),
 ('杜牧', 10),
 ('王昌龄', 7),
 ('岑参', 7)]
```

该任务可分为 3 个子任务：一是从页面中提取出所有作者的名字；二是使用字典来存储每个作者的入选数量；三是根据字典的值由大到小排序，选出前 10 个后输出。

【代码】

```
import re
import requests
from bs4 import BeautifulSoup
from collections import defaultdict


url = 'https://so.gushiwen.org/gushi/tangshi.aspx'
counter = defaultdict(lambda: 0)


r = requests.get(url)
soup = BeautifulSoup(r.text)
spans = soup.find_all('span')
for s in spans:
    t = re.findall(r'\((.+)\)', s.text)
    if (t):
        counter[t[0]] += 1
sorted(counter.items(), key=lambda x:x[1], reverse=True)[:10]
```

说明：collections 库中的 defaultdict 函数提供了默认值的功能，这个类的初始化函数接收一个类型作为参数，当所访问的键不存在的时候，可以实例化一个值作为默认值。

9.6　小结

- 网络爬虫的基本处理流程是发起请求、获取响应内容、解析内容、保存数据。
- Pandas 库中的 read_html 函数可用于抓取网页中的表格。
- BeautifulSoup 的核心对象是节点，类型为 bs4.element.Tag。
- 可通过节点的标签名 name、属性 attrs 和文本 string 来获取节点的信息。
- BeautifulSoup 获取节点可通过 find_all()、find() 和 CSS 选择器。

9.7　习题

一、选择题

1. 下面不是网络爬虫带来的负面问题的是_____。

A．法律风险　　　　　B．隐私泄露　　　　　C．性能骚扰　　　　　D．商业利益

2. 下面说法不正确的是_____。

A．Robots 协议可以作为法律判决的参考性"行业共识"

B．Robots 协议告知网络爬虫哪些页面可以抓取，哪些不可以

C．Robots 协议是互联网上的国际准则，必须严格遵守

D．Robots 协议是一种约定

3. Python 网络爬虫方向的第三方库是_____。

A．request　　　　　B．jieba　　　　　C．itchat　　　　　D．time

4. 下面_____不是 Python requests 库提供的方法。

A．.get()　　　　　B．.push()　　　　　C．.post()　　　　　D．.head()

5. Content-Type 的作用是_____。

A．用来表明浏览器信息　　　　　　　　B．用来表明用户信息

C．用来确定 HTTP 返回信息的解析方式　　D．没有明确意义

6. 在 requests 库的 get() 方法中，能够定制向服务器提交 HTTP 请求头的参数是_____。

A．data　　　　　B．cookies　　　　　C．headers　　　　　D．json

7. 下列_____不是 HTML 页面解析器。

A．lxml　　　　　B．BeautifulSoup　　　　　C．requests　　　　　D．html5lib

二、操作题

1. 使用 Pandas 的 read_html 函数获取全国空气质量排行榜。

2. 在古诗文网站找到"登鹳雀楼"，通过编写函数获取这首诗的名称、作者、诗歌正文等内容。

3. 在古诗文网站的"唐诗三百首"列表页面获取所有诗歌的列表，然后使用第 2 题定义的函数获取这些诗歌，并写入文本文件"唐诗三百首.txt"中。

第 10 章　科学计算入门之 NumPy

带着以下问题学习本章。

- 什么是科学计算？
- NumPy 是哪两个英语单词的缩写？
- ndarray 的含义是什么？
- axis = 0 和 axis = 1 有什么区别？
- reshape(3, −1)中的−1 表示什么？

10.1　科学计算和 NumPy

科学计算是为了解决科学和工程中的数学问题而利用计算机进行的数值计算，它不仅是科学家在运算时所采用的方法，更是普通人提升专业化程度的必要手段。Python 为方便易用的科学计算提供了有力支持。

科学计算的一个重要数学概念是矩阵。矩阵（Matrix）是按照长方阵列排列的复数或实数集合，最早来自于方程组的系数及常数所构成的方阵。矩阵是高等代数中的常见工具，广泛应用于统计数学、计算机图像、物理学、电路学、力学、光学、量子物理、动画等领域。

传统的科学计算主要基于矩阵运算，大量数值通过矩阵可以有效组织和表达。科学计算领域最著名的计算平台 MATLAB 采用矩阵作为最基础的变量类型。

矩阵有维度概念。一维矩阵是线性的，类似于列表；二维矩阵是表格状的，是常用的数据表示形式。科学计算与传统计算的一个显著区别在于，科学计算以矩阵而不是单一数值为单位，增加了计算密度，能够表达更为复杂的数据运算逻辑。

NumPy 是 Numerical Python 的简称，是数据科学计算的基础模块。Python 提供了 array 模块，与 list 不同，它直接保存数值，类似于 C 语言的一维数组。但是 array 模块不支持多维数组，也没有各种运算函数，因此不适合做数值运算。另外，在实际的业务数据处理中，为了更准确地计算结果，需要使用不同精度的数据类型。

NumPy 的诞生弥补了这些不足。NumPy 极大程度地扩充了原生 Python 的数据类型，提供了多维数组 ndarray。数组中的所有元素类型必须是一致的，能够被用作高效的多维数据容器，用于存储和处理大型矩阵。NumPy 的数据容器能够保存任意类型的数据，这使得 NumPy 可以无缝并快速地整合各种数据。

NumPy 本身并没有提供很多高级的数据分析功能。理解 NumPy 中的数组及数组计算有助于更加高效地使用诸如 Pandas 等数据处理工具。

10.2 NumPy 的基本对象

NumPy 提供了两种基本的对象：ndarray 数组（N-dimensional Array）和 ufunc 函数（Universal Function，通用函数）。ndarray（下面简称为数组）是存储单一数据类型的多维数组，而 ufunc 则是能够对数组进行处理的函数。本节先介绍一维数组。

10.2.1 代码向量化

【任务】求 1～5 的平方和。

先回顾一下如何使用 Python 来完成这个小任务，使用循环的代码如下。

```
s = 0
for i in range(1, 6):
    s = s + i*i
print(s) # 55  1+4+9+16+25
```

如果使用 NumPy 库中的 np.arange 函数，代码如下。

```
import numpy as np
s = 0
arr = np.arange(1, 6)     # array([1, 2, 3, 4, 5])
for i in arr:
    s = s + i*i
print(s)                  # 55
```

这里的 np.arrange 函数类似于 range 函数，不同之处在于返回的是 ndarray 类型，而不是迭代对象。

上述代码只是用到了 NumPy 库函数，并没有体现出 NumPy 的特色。实现相同功能的 NumPy 风格的代码如下。

```
import numpy as np

n = 5
b = np.arange(1, n+1)
print(sum(b**2)) # 55
```

NumPy 还提供了 linspace 函数，用于在指定的间隔内生成均匀间隔的数字，代码如下。

```
import numpy as np

n = 5
c = np.linspace(1, n, n).astype(np.int)   # array([1, 2, 3, 4, 5])
print(sum(c**2))                           # 55
```

10.2.2 通用函数 ufunc

函数 ufunc 的全称为通用函数（Universal Functions），是能够对数组中的所有元素进行操作的函数。该函数针对数组操作，并且都以 NumPy 数组作为输出，因此不需要对数组的每一个元素都进行操作。使用函数 ufunc 比使用 math 库中的函数效率要高很多。

```python
import numpy as np

a = np.array([1, 2, 3, 4])
print(a**2)                     # [ 1  4  9 16]
print(np.power(a, 2))           # [ 1  4  9 16]
```

常用的 ufunc 函数运算有四则运算、比较运算和逻辑运算等。ufunc 函数支持全部的四则运算，并且保留习惯的运算符，和数值运算的使用方式一样，但是需要注意的是，操作的对象是数组。数组间的四则运算表示对每个数组中的元素分别进行四则运算，所以进行四则运算的两个数组的形状必须相同。

10.3 统计函数的应用：分析学生成绩

观察图 10-1，思考这几个问题：

1）哪个学生的总成绩最好？

2）哪个学生各门课的成绩差异最小？

3）哪一门课程的总分最高？

4）哪一门课程学生之间的成绩差异最小？

姓名	数学	语文	英语	平均分	标准差
赵一	78	76	98	84.00	9.93
钱二	56	70	64	63.33	5.73
孙三	87	66	99	84.00	13.64
李四	95	94	93	94.00	0.82
平均分	79.00	76.50	88.50	81.33	
标准差	14.58	10.71	14.33		

图 10-1　学生成绩

把图 10-1 中的数据初始化如下。

```python
import numpy as np

a = np.array([[78, 76, 98],
              [56, 70, 64],
              [87, 66, 99],
              [95, 94, 93]])
```

要知道哪个学生的总成绩最好，选用的统计指标可以是每个学生的总分或平均分，这里选取学生的平均分。要知道哪一门课程的总分最高，需要比较每一门课程的平均分。这里存在两种平均分计算方式，那么是选择根据列还是根据行呢？NumPy 提供了轴（axis）的概念，当 axis=0 时，采用纵向计算的方式；当 axis=1 时，采用横向计算的方式。特别需要注意的是，参数 axis 既不是 0，也不是 1，而是 None。在 Jupyter 中，通过 a.mean? 可以查看求平均值的用法，显示如下。

```python
a.mean(axis=None, dtype=None, out=None, keepdims=False)
```

```
Returns the average of the array elements along given axis.
```

参数 axis 设置为不同的值时，计算方式如图 10-2 所示。

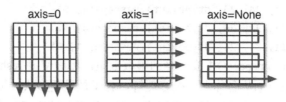

图 10-2　NumPy 轴的示意图

二维数组 a 的方法 mean()（求平均值）设置参数 axis 为不同的值时，结果如下。

```
a.mean(axis=0)  # array([79. , 76.5, 88.5])
a.mean(axis=1)  # array([84.        , 63.33333333, 84.        , 94.        ])
a.mean()        # 81.33333333333333
```

求各个学生或者各门课程的差异大小时，适合的统计指标是标准差，结果如下。

```
np.set_printoptions(precision=2)
a.std(axis=0)  # array([14.58, 10.71, 14.33])
a.std(axis=1)  # array([ 9.93,  5.73, 13.64,  0.82])
```

第 1 行的 set_printoptions 的含义是设置打印选项（Print Options），精度为 2 (precision=2)，也就是小数点保留两位。

10.4　核心数据结构：多维数组

NumPy 的核心多维数组（ndarray 数组）表示 n dimensional array。通过这些数组，用户能快速地使用像向量和数学矩阵之类的功能。

创建数组有多种不同的方式，最基本的方式是传递序列给 NumPy 的 array 函数，如下所示。

```
import numpy as np

a = np.array([0, 1, 2, 3, 4])            # 从列表转换
b = np.array((0, 1, 2, 3, 4))            # 从元组转换
c = np.arange(5)                         # 使用方法 arange()生成
d = np.linspace(0, 4, 5).astype(np.int) # 使用方法 linspace()生成

print(a) # [0 1 2 3 4]
print(b) # [0 1 2 3 4]
print(c) # [0 1 2 3 4]
print(d) # [0 1 2 3 4]
```

多维数组最常见的是二维数组，下面采用了 4 种方式创建了同样的二维数组。

```
a = np.array([[11, 12, 13, 14, 15, 16],
              [17, 18, 19, 20, 21, 22],
              [23, 24, 25, 26, 27, 28],
```

```
                    [29, 30, 31, 32, 33, 34]])

b = np.linspace(11, 34, 24, dtype=int).reshape(4, 6)
c = np.linspace(11, 34, 24, dtype=int).reshape(4, -1)
d = np.linspace(11, 34, 24, dtype=int).reshape(-1, 6)
```

第 2 种方式使用了 linspace()生成一维的整数数组，然后使用 reshape()转换为 4 行 6 列的二维数组。方法 reshape()从名称上也很好理解，意思是重塑形状。第 3 种和第 4 种方式中出现了参数-1，表示列/行数由 NumPy 自己去计算，这里总共有 24 个数，二维数组的行是 4，则可计算出列是 6；二维数组的列是 6，则行是 4。

在 NumPy 中，所有数组的数据类型是同质的，即数组中的所有元素类型必须是一致的，这样能很容易确定该数组所需要的存储空间。

多维数组的常见属性如下。

```
print(type(a))    # <class 'numpy.ndarray'>
print(a.dtype)    # int64

print(a.ndim)     # 2
print(a.shape)    # (4, 6)
print(a.size)     # 24

print(a.itemsize) # 8
print(a.nbytes)   # 192
```

说明：

1）数据类型是 numpy.ndarray，每个元素的类型 dtype 是相同的，这里是 int64。

2）属性 ndim 指出数组有多少维，这里是二维。数组的形状（shape）是指它有多少行和列，这里有 4 行 6 列，所以 shape 为（4，6）。size 是所有的元素数量，这里是 24。

3）属性 itemsize 是每个元素（item）所占的字节数。这里数组的数据类型是 int64，大小是 64 bit，8 B。

4）属性 nbytes 表示这个数组的所有元素占用的字节数。这个数值并没有把额外的空间计算进去，实际上占用的空间会比这个值略大。

NumPy 对于一维数组的切片和 Python 列表的切片是相同的，这里介绍二维数组的切片。

二维数组切片就是要分别在每个维度上切片，并用逗号隔开，第一个切片的含义是对行切片，第二个切片的含义是对列切片。如果能很好地掌握 Python 序列的切片，那么对二维数组的切片就很容易理解。常见的二维切片如下：

```
#     [[11, 12, 13, 14, 15, 16],
#      [17, 18, 19, 20, 21, 22],
#      [23, 24, 25, 26, 27, 28],
#      [29, 30, 31, 32, 33, 34]])

print( a[0, 1:4] )    # [12 13 14]      第 1 行，第 2、3 列
print( a[1:4, 0] )    # [17 23 29]      第 1、2、3 行，第 0 列
print( a[::2, ::2] )   # [[11 13 15]    间隔 2 选取行和列
```

```
                          #  [23 25 27]]
print( a[:, 1] )          #  [12 18 24 30]  所有行，第 1 列
```

10.5　使用 NumPy 表示和处理图像

在处理图像之前，先使用 Python 的图形库 PIL 来显示图像。

```
from PIL import Image

im = Image.open('data/lenna.jpg')
im.show()
```

显示效果如图 10-3 所示。

图像是有规则的二维数据，可以用 NumPy 库将图像转换成数组对象，方法如下。

```
import numpy as np

im = np.array(Image.open('data/lenna.jpg'))
print(im.shape, im.dtype)      # (512, 512, 3) uint8
```

图像转换对应的 ndarray 类型是三维数据，如 （512, 512, 3）。前两维表示图像的长度和宽度，单位是像素；第三维表示每个像素点的 RGB 值，每个 RGB 值是一个单字节整数。

下面的代码用于查看第 1 个通道的图像，显示如图 10-4 所示。

```
imn = np.array(im)             # image 类 转 numpy
imn0 = imn[:, :, 0]            # 第 1 个通道
im0 = Image.fromarray(imn0)    # numpy 转 image 类
im0.show()
print(imn0.shape)              # (512, 512)
```

图 10-3　显示效果　　　　　　图 10-4　只显示第 1 个通道的效果

还可以把 3 个通道对应的图像和原图放在一起显示，代码如下。

```
from pylab import subplot, imshow
import matplotlib.pyplot as plt

plt.figure(figsize=(8, 8))
```

```
im = Image.open('data/lenna.jpg')
imn = np.array(im)
for i in [0, 1, 2]:
    subplot(1, 4, i+1)
    imshow(Image.fromarray(imn[:, :, i]))


subplot(1, 4, 4)       # 显示原图
imshow(im)
```

函数 subplot 是将多个图画到一个平面上的工具。subplot(m,n,p) 中的 m 表示图排成 m 行，n 表示图排成 n 列，如果 m=2 就表示 2 行图。p 表示图所在的位置，p=1 表示从左到右、从上到下的第一个位置。上面代码的显示效果如图 10-5 所示。

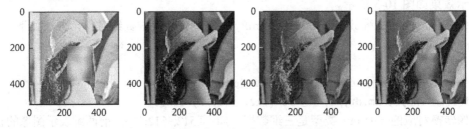

图 10-5　3 个通道对应的图像和原图

PIL 库包括图像转换函数，能够改变图像单个像素的表示形式。使用函数 convert('L') 可将像素从 RGB 的 3B 形式转换为单一数值形式，这个数值范围为 0~255，表示灰度色彩变化。此时，图像从彩色转换为带有灰度的黑白色。转换后，图像的 ndarray 类型变为二维数据，每个像素点的色彩由一个整数表示。下面的代码实现了转换。

```
im0 = np.array(Image.open('data/lenna.jpg').convert('L'))
print(im0.shape)       # (512, 512)
print(im0[:3, :3])     # 查看前 3 行、前 3 列的灰度值


(512, 512)
[[128 161 161]
 [128 161 161]
 [128 162 163]]
```

通过对图像进行数组转换，可以利用 NumPy 访问图像上的任意像素值，还可以修改这些值。下面的示例代码实现了对图像的 3 种简单变换。

```
from pylab import title, subplots_adjust


im0 = np.array(Image.open('data/lenna.jpg').convert('L'))
im1 = 255 - im0                      # 图像反相处理
im2 = (100.0/255) * im0 + 100        # 将图像像素值变换到100~200区间
im3 = 255.0 * (im0/255.0)**2         # 对图像像素值求平方


plt.figure(figsize=(10, 10))
plt.subplots_adjust(wspace = 0.1)
```

```
subplot(1, 4, 1)
imshow(Image.fromarray(im0))

subplot(1, 4, 2)
imshow(Image.fromarray(im1))
title(r'$f(x)=255-x$')

subplot(1, 4, 3)
imshow(Image.fromarray(im2))
title(r'$f(x)=\frac{100}{255}x+100$')

subplot(1, 4, 4)
imshow(Image.fromarray(im3))
title(r'$f(x)=255(\frac{x}{255})^2$')
```

im0 是直接从图片获得的灰度值，为二维数组；im1、im2、im3 是对 im0 变换后获得的二维数组。显示效果如图 10-6 所示。

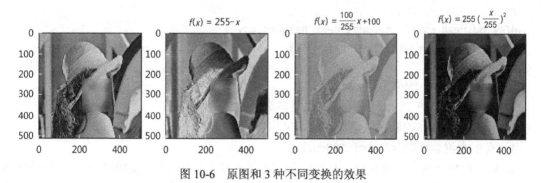

图 10-6   原图和 3 种不同变换的效果

上述示例只是非常简单的图像处理，有助于读者了解图像处理的基本知识。

10.6   小结

- NumPy 是用于数据科学计算的基础模块，极大程度地扩充了原生 Python 的数据类型。
- NumPy 提供了两种基本的对象：ndarray 数组和 ufunc 函数。
- ndarray 数组的数据类型是同质的，即数组中的所有元素类型必须是一致的。
- ufunc 函数能够对数组中的所有元素进行操作，以 ndarray 作为输出。
- NumPy 提供了轴（axis）的概念。当 axis=0 时，采用纵向计算的方式；当 axis=1 时，采用横向计算的方式。
- 方法 reshape()用于改变数组的形状，参数-1 表示列/行数由 NumPy 自己去计算。
- 数组的切片和 Python 中序列的切片是一致的，只是维度从一维扩展到了多维。
- NumPy 的 ndarray 数组能很好地用于图像的表示和处理。

10.7 习题

操作题

1．使用函数 np.range 创建一维数组[1,2,…,10]，并计算其立方和。

2．使用函数 np.linspace 创建一维数组[2,4,6,8,10]，并计算其平方根之和。

3．创建一个 10x10 的随机数组并找到它的最大值和最小值。

4．调和级数（P1104）。H(n)=1/1+1/2+1/3+…+1/n，这种数列被称为调和级数。输入正整数 n，输出 H(n)的值，保留 3 位小数。样例输入：3；样例输出：1.833。使用 NumPy 中的函数解决。

5．文件 president_heights.csv 保存着美国总统的身高，文件共 3 列，使用下面的代码从.csv 文件中读取身高这一列，保存到 heights。然后完成下列几个问题：

```
import pandas as pd
import numpy as np


df = pd.read_csv('data/president_heights.csv')
heights = np.array(df['height(cm)'])
print(heights)
```

1）查看 heights 的类型。

2）计算 heights 中的元素数量（也就是多少个总统的数据）。

3）计算总统身高的最大值、最小值、平均值和中位数。

4）有多少位总统的身高小于 180cm？

6．iris 也称鸢尾花卉数据集，是机器学习中著名的入门级示例所用的数据。数据集通过 4 个特征维度描述鸢尾花样本：花萼长度（sepal length）、花萼宽度（sepal width）、花瓣长度（petal length）、花瓣宽度（petal width）。下面的语句加载了该数据集。

```
from sklearn.datasets import load_iris
iris = load_iris()
```

可使用语句 np.savetxt('iris.csv', iris.data ,fmt='%.3f', delimiter=',')保存数据到文件 iris.csv，然后使用 Excel 打开该文件，便于对比 NumPy 和 Excel 的处理结果。iris.data 是 numpy.ndarray 类型。

回答下面的几个问题：

1）二维数组中包含了几行几列的数据？

2）二维数组中的数据类型是什么？

3）求每列的最大值、最小值和平均值。

第 11 章 数据分析入门之 Pandas

带着以下问题学习本章。

- Excel 有哪些常用操作？
- 数据框 DataFrame 有哪些常用方法和属性？
- 为什么要使用索引？
- 如何切换列和索引？
- 如何实现排序？

11.1 从 Excel 到 Pandas：制作产品销售数据表

Pandas 是一个强大的分析结构化数据的工具集，它的使用基础是 Numpy（提供高性能的矩阵运算），可用于数据挖掘和数据分析，同时也提供数据清洗功能。

如何快速且牢固地掌握 Pandas 的基本用法？可使用罗塞塔石碑语言学习法，也就是运用任务法和对比法来学习。在这里，应用 Pandas 来完成一个很常见的 Excel 任务。

下面先给出简单的 Excel 实例——制作产品销售数据表（本章图表中单价、销售总额、业绩提成的单位均为元），然后采用 Pandas 来实现相同的功能。

计算完成的"产品销售数据表"如图 11-1 所示。

员工编号	销售员	单价		销售数量	销售总额		销量排名	业绩提成	
CC801	梁华	¥	7,098.00	8	¥	56,784.00	6	¥	2,839.20
CC802	田长贵	¥	4,299.00	12	¥	51,588.00	3	¥	2,579.40
CC803	王明	¥	2,888.00	6	¥	17,328.00	7	¥	346.56
CC804	程国平	¥	11,860.00	4	¥	47,440.00	9	¥	1,423.20
CC805	张鑫	¥	5,258.00	10	¥	52,580.00	4	¥	2,629.00
CC806	李大朋	¥	3,328.00	2	¥	6,656.00	10	¥	133.12
CC807	柯乐	¥	6,529.00	9	¥	58,761.00	5	¥	2,938.05
CC808	刘旺	¥	2,329.00	16	¥	37,264.00	1	¥	1,117.92
CC809	胡一凤	¥	7,438.00	6	¥	44,628.00	7	¥	1,338.84
CC810	王开杰	¥	3,562.00	15	¥	53,430.00	2	¥	2,671.50
合计				88	¥	426,459.00			

图 11-1 计算完成后的"产品销售数据表"

图 11-1 中，左侧 4 列是已有数据，右侧 3 列是计算出来的数据，最后 1 行的"合计"也是计算出来的。下面使用 Pandas 来完成此任务。

文件是 Excel 文件，可使用 read_excel 函数打开和查看文件，代码如下。

```
import pandas as pd

df = pd.read_excel('产品销售数据表-part.xlsx')
```

如果 Excel 文件中含有多个 Sheet，可以使用参数 sheet_name 来选取指定的 Sheet。

这里使用的输入文件是 Excel 文件，实际上 Pandas 支持的文件类型非常多，对应的读取函数有 read_csv、read_html、read_json、read_sql、read_pickle 等。

使用函数 type(df) 查看到 read_excel 的返回类型是 pandas.core.frame.DataFrame，简称为 DataFrame，中文称为数据框，是 Pandas 的核心数据类型。数据框对应的是 Excel 文件中的一个 Sheet，也就是二维表。在 Jupyter Notebook 中显示为图 11-2，其中右侧 3 列显示的值为"NaN"，表示不存在。

	员工编号	销售员	单价	销售数量	销售总额	销量排名	业绩提成
0	CC801	梁华	7098	8	NaN	NaN	NaN
1	CC802	田长贵	4299	12	NaN	NaN	NaN
2	CC803	王明	2888	6	NaN	NaN	NaN
3	CC804	程国平	11860	4	NaN	NaN	NaN
4	CC805	张鑫	5258	10	NaN	NaN	NaN
5	CC806	李大朋	3328	2	NaN	NaN	NaN
6	CC807	柯乐	6529	9	NaN	NaN	NaN
7	CC808	刘旺	2329	16	NaN	NaN	NaN
8	CC809	胡一凤	7438	6	NaN	NaN	NaN
9	CC810	王开杰	3562	15	NaN	NaN	NaN

图 11-2　不完整的"产品销售数据表"

使用 Pandas 计算销售总额和销量排名很直观，代码如下。

```
df['销售总额'] = df['单价']*df['销售数量']
df['销量排名'] = df['销售数量'].rank(ascending=False).astype("int")
```

其中，第 1 行用于计算销售总额，体现了 Pandas 操作的特点，直观易懂。第 2 行用于计算销量排名，使用了 rank 函数。该函数的功能是计算当前位置在整列中的排名，默认从小到大排序。这里需要按照由大到小排序，所以指定参数 ascending=False，计算出来的结果类型是浮点型，这里需要为整型，所以使用 astype 函数进行转换。

通常，公司的业绩提成类似于个人所得税，销售总额越大，则提成越多。该公司的业绩提成规则为：销售总额超过 5 万元（含 5 万元），则提成 5%；介于 3~5 万元之间（含 3 万元），则提成 3%；低于 3 万元，则提成 2%。业绩提成无法通过公式直接计算出来，而是应用了一个函数。根据提成规则，定义函数 calc，代码如下。

```
def calc(x):
    if (x>=50000):
        return x*0.05
    if (x>=30000):
        return x*0.03
    return x*0.02
```

定义好函数后，把该函数应用在"销售总额"，就可以计算出"业绩提成"，代码如下。

```
df['业绩提成'] = df['销售总额'].apply(calc)
```

至此，右侧 3 列的计算全部完成，如图 11-3 所示。

	员工编号	销售员	单价	销售数量	销售总额	销量排名	业绩提成
0	CC801	梁华	7098	8	56784	6	2839.20
1	CC802	田长贵	4299	12	51588	3	2579.40
2	CC803	王明	2888	6	17328	7	346.56
3	CC804	程国平	11860	4	47440	9	1423.20
4	CC805	张鑫	5258	10	52580	4	2629.00
5	CC806	李大朋	3328	2	6656	10	133.12
6	CC807	柯乐	6529	9	58761	5	2938.05
7	CC808	刘旺	2329	16	37264	1	1117.92
8	CC809	胡一凤	7438	6	44628	7	1338.84
9	CC810	王开杰	3562	15	53430	2	2671.50

图 11-3　完成计算后的"产品销售数据表"

汇总计算很简单，应用方法 sum()就能对整列求和，代码如下。

```
print(df['销售总额'].sum())  # 426459
print(df['销售数量'].sum())  # 88
```

11.2　DataFrame 的基本操作

DataFrame 是 Pandas 中的表格型数据类型，包含一组有序的列，每列可以是不同的值类型（数值、字符串、布尔型等）。DataFrame 既有行索引也有列索引，可以认为是由 Series 组成的字典。DataFrame 是 Pandas 的核心数据结构，相当于 Excel 中的表格。

11.2.1　查看 DataFrame 对象的方法和属性

要了解 DataFrame 对象，可使用 DataFrame 的 4 个方法：head()、tail()和 info()、describe()。4 种方法如表 11-1 所示。

表 11-1　4 种方法

编号	方法	描述
1	head()	返回前面的若干行，默认为 5 行
2	tail()	返回最后的若干行，默认为最后 5 行
3	info()	返回 DataFrame 的信息，包括索引数据类型和列数据类型、非空值和内存使用情况
4	describe()	返回描述性统计数据，包括数据集分布的中心趋势、分散性和形状

如果读取的文件非常大，有数千行甚至更多，此时可以使用方法 head()或者 tail()来查看最前或最后的若干行。使用 df.head(3)可以查看二维表的前 3 行，如图 11-4 所示。如果不指定行数，则默认显示前 5 行。tail()则用于查看最后的若干行。

有时仅使用 df.head()查看是不够的，因为呈现的数字（如单价 7098）未必是数字类型，也有可能是字符串。因此，使用 df.info()查看数据类型有时是不可少的一步。执行 df.info()可以查看二维表的大概状况。针对上面的 DataFrame，显示结果如下。

	员工编号	销售员	单价	销售数量	销售总额	销量排名	业绩提成
0	CC801	梁华	7098	8	56784	6	2839.20
1	CC802	田长贵	4299	12	51588	3	2579.40
2	CC803	王明	2888	6	17328	7	346.56

图 11-4 使用 df.head（3）查看二维表的前 3 行

```
<class 'pandas.core.frame.DataFrame'>
RangeIndex: 10 entries, 0 to 9
Data columns (total 7 columns):
员工编号        10 non-null object
销售员         10 non-null object
单价          10 non-null int64
销售数量        10 non-null int64
销售总额        10 non-null int64
销量排名        10 non-null int64
业绩提成        10 non-null float64
dtypes: float64(1), int64(4), object(2)
memory usage: 640.0+ bytes
```

第 1 行显示的是 df 的类型，第 2 行显示共有索引为 0～9 的 10 条记录，第 3 行显示二维表共有 7 列（7 columns）；接下来的 7 行分别是对二维表中 7 列的说明，包括行数、状态和数据类型；倒数第 2 行是对二维表中 7 行的数据类型的归纳，最后 1 行是内存使用情况。

执行 df.describe()可以查看二维表数据列的统计状况，如图 11-5 所示。

	单价	销售数量	销售总额	销量排名	业绩提成
count	10.000000	10.000000	10.000000	10.000000	10.000000
mean	5458.900000	8.800000	42645.900000	5.400000	1801.679000
std	2880.068959	4.565572	17469.568947	2.951459	1061.452911
min	2329.000000	2.000000	6656.000000	1.000000	133.120000
25%	3386.500000	6.000000	39105.000000	3.250000	1173.150000
50%	4778.500000	8.500000	49514.000000	5.500000	2001.300000
75%	6955.750000	11.500000	53217.500000	7.000000	2660.875000
max	11860.000000	16.000000	58761.000000	10.000000	2938.050000

图 11-5 产品销售数据表的描述性统计数据

方法 describe()只分析数值列，所以图 11-5 中显示了 5 列，而不是全部 7 列。

DataFrame 对象还提供了很多属性，表 11-2 列出了常用的属性，其中，属性 values 实现了 DataFrame 类型向 NumPy 的 ndarray 转换。

表 11-2　DataFrame 的常用属性

编号	属性	描述
1	axes	返回行轴标签列表
2	dtypes	返回对象的数据类型（dtype）
3	empty	如果系列为空，则返回 True
4	ndim	返回底层数据的维数，默认为 1
5	size	返回基础数据中的元素数
6	values	将 Series 作为 ndarray 返回

11.2.2　DataFrame 的基础数据结构 Series

DataFrame 的基础数据结构是 Series，通过 type(df['销售总额'])来查看返回类型可以验证这一点。

```
print(type(df['销售总额']))    # <class 'pandas.core.series.Series'>
```

查看 df['销售总额']，显示如下。

```
0    56784
1    51588
2    17328
3    47440
4    52580
5     6656
6    58761
7    37264
8    44628
9    53430
Name: 销售总额, dtype: int64
```

Series 是能够保存任何类型数据（整数、字符串、浮点数、Python 对象等）的一维标记数组，轴标签统称为索引。

Series 是类似于一维数组的对象，索引在左边，值在右边。进一步使用 type(df['销售总额'].values)查看返回类型，可以发现是 numpy.ndarray。

由于 Series 对象只有索引和值（一列），所以按照值来排序就无须指定列名，如下所示：

```
df['销售总额'].sort_values(ascending=False)
```

运算结果如下。

```
6    58761
0    56784
9    53430
4    52580
1    51588
3    47440
8    44628
7    37264
```

```
2    17328
5     6656
Name: 销售总额, dtype: int64
```

Series 对象有个重要的方法 value_counts()，可返回不同取值的频率，示例代码如下。

```
import pandas as pd

s = pd.Series([ 'two', 'three', 'two', 'three', 'one', 'three' ])
s.value_counts()
```

运行结果如下。

```
three    3
two      2
one      1
dtype: int64
```

11.2.3 列名操作：查看和修改

列名的操作包括显示所有列的名称、修改部分列名和修改全部列名。

执行 df.columns()可以列出二维表的每一列的名称，显示如下。

```
Index(['员工编号', '销售员', '单价', '销售数量', '销售总额', '销量排名',
       '业绩提成'], dtype='object')
```

修改部分列名称的代码如下。

```
df.rename(columns = {'销售员':'sales_name', '单价':'unit_price'}, inplace=True)
df.columns

# Index(['员工编号', 'sales_name', 'unit_price', '销售数量',
#        '销售总额', '销量排名', '业绩提成'], dtype='object')
```

修改全部列名称的代码如下。

```
df.columns = ['employee_id','sales_name','unit_price','quantity',\
              'total_sales','rank' ,' performance_royalty']
# Index(['employee_id', 'sales_name', 'unit_price', 'quantity', 'total_sales',
#        'rank', ' performance_royalty'], dtype='object')
```

11.3 DataFrame 的常用操作

DataFrame 的常用操作有设置和重置索引、切片、条件选择和排序等。

11.3.1 设置和重置索引

先从 Excel 文件中读取 Excel 表的前 3 行到 DataFrame 对象，代码如下。

```
import pandas as pd
df = pd.read_excel('data/产品销售数据表.xlsx')
df.head(3)
```

获得的结果如图 11-6 所示。与之前的表不同，该表加入了属性"地区"。

	员工编号	销售员	地区	单价	销售数量	销售总额	销量排名	业绩提成
0	CC801	梁华	北京	7098	8	56784	6	2839.20
1	CC802	田长贵	杭州	4299	12	51588	3	2579.40
2	CC803	王明	上海	2888	6	17328	7	346.56

图 11-6 产品销售数据表的前 3 行

由于没有指定索引，DataFrame 对象默认采用从 0 开始的位置索引。很多时候希望根据员工编号获得该员工的所有数据，Pandas 提供了多种方法可以做到这一点，其中最常用的是把"员工编号"设置为索引，代码如下。

```
import pandas as pd
df = pd.read_excel('data/产品销售数据表.xlsx')
df.set_index('员工编号', inplace=True)
df.head(3)
```

对象方法 set_index()默认返回新对象，并不修改原有对象，可设置参数 inplace=True 来修改对象本身。修改后的 DataFrame 对象的索引为"员工编号"，如图 11-7 所示。

	销售员	地区	单价	销售数量	销售总额	销量排名	业绩提成
员工编号							
CC801	梁华	北京	7098	8	56784	6	2839.20
CC802	田长贵	杭州	4299	12	51588	3	2579.40
CC803	王明	上海	2888	6	17328	7	346.56

图 11-7 索引为"员工编号"的产品销售数据表

现在可使用员工编号来获得该员工的数据，如 df.loc['CC801']，返回的对象类型是 Series，结果如下。

```
销售员              梁华
地区               北京
单价              7098
销售数量              8
销售总额           56784
销量排名              6
业绩提成          2839.2
Name: CC801, dtype    : object
```

set_index()的逆操作是 reset_index()。执行 df.reset_index(inplace=True)后，DataFrame 对象就恢复至最初的状态，"员工编号"成为普通的一列。

说明：索引的用法类似于数据表中的主键（Primary Key），但和主键不同，DataFrame 对象的索引允许有重复值，如果把"地区"设置为索引，再根据索引取值，则返回的类型可能是 Series 或 DataFrame。在这个例子中，假设"广州"在列中唯一，所以返回的数据类型是 Series，而其他地区由于出现多次，返回的是 DataFrame 对象。

11.3.2 切片

DataFrame 是二维表，切片方式多样。通过梳理，可分为图 11-8 所示的 4 种方式。

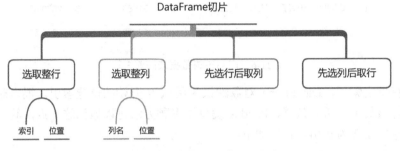

图 11-8 二维表的 4 种切片方式

DataFrame 对象的 loc() 方法使用索引和列名，iloc() 方法使用位置。

1. 选取整行

前面介绍的 DataFrame 对象的 head() 和 tail() 方法就是选取整行，写成切片方式相当于 df[:5] 和 df[-5:]，这两种方式的完整形式是 df.iloc[:5] 和 df.iloc[-5:]。

如果二维表的索引是有序的，那么还可以通过索引来选取，代码如下。

```
import pandas as pd
df = pd.read_excel('data/产品销售数据表.xlsx')
df.set_index('员工编号', inplace=True)
```

```
df.loc['CC801':'CC803']    # 注意：获取结果包含首尾，不是左闭右开的
```

获得的结果如图 11-9 所示。

员工编号	销售员	单价	销售数量	销售总额	销量排名	业绩提成
CC801	梁华	7098	8	56784	6	2839.20
CC802	田长贵	4299	12	51588	3	2579.40
CC803	王明	2888	6	17328	7	346.56

图 11-9 使用索引选取二维表的行的结果

还可以把 DataFrame 对象作为字典来使用，根据索引值获取特定行，示例如下。

```
df.loc['CC801']    # 返回的是 Series 对象，如下

销售员            梁华
单价            7098
销售数量            8
销售总额         56784
销量排名            6
业绩提成         2839.2
```

```
Name: CC801, dtype:      object
```

2. 选取整列

选取特定列有两种写法：第一种，df ['销售员']；第二种，df.销售员。推荐使用第一种写法。选取特定列返回的是 Series 对象。

问：第二种写法看上去更为简洁，为何建议使用第一种写法呢？

答：多数时候数据的列名为英文，如果出现列名恰好为"shape"，就会产生名称冲突，df.shape 究竟是表示 df 的形状（行和列的数目），还是表示列名为 shape 的这一列数据呢？此外，当列名包含空格时，如"sales name"，此时就只能使用第一种写法。

有时二维表的列有很多，如果只关注少数列，如"销售员"和"业绩提前"，并且希望把"业绩提成"列放在前面，此时可使用两种方法：使用列名 df [['业绩提成', '销售员']] 或使用列所在位置 df.iloc[:, [5, 0]]，获得的数据结果如图 11-10 所示（截图选取了 3 行数据，实际共 10 行）。

使用列名时，选中列的名称是以 list 类型的参数传递给对象的。特别的，当 list 中只有一个列名时，如 df [['销售员']]，返回的也是 DataFrame 对象，而 df ['销售员']返回的是 Series 对象。

3. 先选行后取列

要显示员工编号为"CC801"至"CC803"的销售员、销量排名和业绩提成，有以下两种写法。

```
df.loc['CC801':'CC803', ['销售员', '销量排名','业绩提成']] # 使用索引/列名
df.iloc[:3, [0, 4, 5]]  # 使用位置
```

获得的结果如图 11-11 所示。

员工编号	业绩提成	销售员
CC801	2839.20	梁华
CC802	2579.40	田长贵
CC803	346.56	王明

员工编号	销售员	销量排名	业绩提成
CC801	梁华	6	2839.20
CC802	田长贵	3	2579.40
CC803	王明	7	346.56

图 11-10　选取特定列后的结果　　　图 11-11　从"产品销售数据表"中选取部分数据后的结果

4. 先选列后取行

如果要显示的内容如图 11-11 所示，按照"先选列后取行"的方式也有两种写法，如下所示。

```
df[['销售员', '销量排名','业绩提成']][:3]
df[['销售员', '销量排名','业绩提成']].loc['CC801':'CC803']
```

这两种写法在这个示例中显示的内容相同，第一种写法表示部分列的前 3 行，第二种写法表示部分列中索引"CC801"至"CC803"的行。

"先选列后取行"的典型应用是查看排名的前几位，如查看"业绩提成"的前 3 名、"销量排名"的前 3 名。

11.3.3 条件选择

【任务】从"产品销售数据表"中选择地区为"上海"或"北京"的销售数据，如图 11-12 所示。

员工编号	销售员	地区	单价	销售数量	销售总额	销量排名	业绩提成
CC801	梁华	北京	7098	8	56784	6	2839.20
CC803	王明	上海	2888	6	17328	7	346.56
CC805	张鑫	上海	5258	10	52580	4	2629.00
CC806	李大朋	上海	3328	2	6656	10	133.12
CC808	刘旺	北京	2329	16	37264	1	1117.92

图 11-12 "上海"和"北京"地区的产品销售数据

【方法】有多种方法可以从 DataFrame 中选择特定列。

【代码】

```
import pandas as pd
df = pd.read_excel('data/产品销售数据表.xlsx')
df.set_index('员工编号', inplace=True)
df.loc[(df['地区'] == '北京') | (df['地区'] == '上海')]        # 方法1
df.query("地区=='北京' | 地区=='上海'")                        # 方法2
df.loc[df['地区'].isin(['北京', '上海'])]                      # 方法3
```

说明：

1）方法 1：df['地区'] == '北京' 返回的是 Series 对象，索引为"员工编号"，值为布尔变量 True 或 False。这里用运算符 | 表示"或者"；如果表示"并且"，则用&。由于这两个运算符优先级高于"=="，所以小括号不能省略。

2）方法 2：query()的使用方式为 query('col_name == value | col_name2 == value2')，如果值的类型为字符串，需要加引号。

3）方法 3：方法 isin()的参数类型是列表，也可以使用元组和字典。

4）这里的 3 个方法都没有设定 inplace 参数，返回新的 DataFrame 对象。

11.3.4 排序

使用"产品销售数据表.xlsx"中的数据，有以下几个场景。

场景 1：销量排名前三名。

"销量排名"是二维表的特定列，可使用对象方法 sort_values()，默认由小到大排序，代码如下。

```
df.sort_values('销量排名')[:3]
```

获得的数据如图 11-13 所示。

员工编号	销售员	单价	销售数量	销售总额	销量排名	业绩提成
CC808	刘旺	2329	16	37264	1	1117.92
CC810	王开杰	3562	15	53430	2	2671.50
CC802	田长贵	4299	12	51588	3	2579.40

图 11-13　销量排名前三的销售员数据

如果需要改变原表，则代码如下。

```
df.sort_values('销量排名', inplace=True)
df[:3]
```

参数 inplace 表示就地排序，原有对象发生变化。

场景 2：业绩提成前三名。

"业绩提成"是二维表的特定列，可使用对象方法 sort_values()，需要设置参数 ascending=False，表示由大到小排序，代码如下。

```
df.sort_values('业绩提成', ascending=False)[:3]
```

获得的数据如图 11-14 所示。

员工编号	销售员	单价	销售数量	销售总额	销量排名	业绩提成
CC807	柯乐	6529	9	58761	5	2938.05
CC801	梁华	7098	8	56784	6	2839.20
CC810	王开杰	3562	15	53430	2	2671.50

图 11-14　业绩提成前三名的销售员数据

场景 3：员工编号前三名。

"员工编号"是二维表的索引，所以要使用对象方法 sort_index()。由于索引是唯一的，所以不需要提供"员工编号"作为参数，代码如下。

```
df.sort_index()[:3]
```

获得的数据如图 11-15 所示。

员工编号	销售员	地区	单价	销售数量	销售总额	销量排名	业绩提成
CC801	梁华	北京	7098	8	56784	6	2839.20
CC802	田长贵	杭州	4299	12	51588	3	2579.40
CC803	王明	上海	2888	6	17328	7	346.56

图 11-15　使用索引获得的数据

11.4　分组聚合：日常费用统计表

这里先通过 Excel 操作示例来了解什么是分组聚合（GroupBy），然后使用 Pandas 实现同样的功能。

图 11-16a 是日常费用明细表，为了清楚地了解每个费用项目的花费情况，需要汇总每个费用项目的金额，如图 11-16b 所示。

日期	费用项目	说明	金额（元）
2013-11-3	办公费	购买打印纸、订书针	¥ 100.00
2013-11-3	招待费		¥ 3,500.00
2013-11-6	运输费	运输材料	¥ 300.00
2013-11-7	办公费	购买电脑2台	¥ 9,000.00
2013-11-8	运输费	为郊区客户送货	¥ 500.00
2013-11-10	交通费	出差	¥ 600.00
2013-11-10	宣传费	制作宣传单	¥ 520.00
2013-11-12	办公费	购买饮水机1台	¥ 420.00
2013-11-16	宣传费	制作灯箱布	¥ 600.00
2013-11-18	运输费	运输材料	¥ 200.00
2013-11-19	交通费	出差	¥ 680.00
2013-11-22	办公费	购买文件夹、签字笔	¥ 50.00
2013-11-22	招待费		¥ 2,000.00
2013-11-25	交通费	出差	¥ 1,800.00
2013-11-28	宣传费	制作宣传册	¥ 850.00

a)

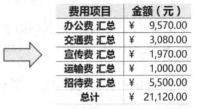

费用项目	金额（元）
办公费 汇总	¥ 9,570.00
交通费 汇总	¥ 3,080.00
宣传费 汇总	¥ 1,970.00
运输费 汇总	¥ 1,000.00
招待费 汇总	¥ 5,500.00
总计	¥ 21,120.00

b)

图 11-16 日常费用明细表和汇总结果

在 Excel 中，要实现汇总每个费用项目的金额，有两种方法：分类汇总和数据透视表。

1. 分类汇总

分类汇总包括下面的两个步骤。

1）排序。按照"费用项目"排序，实现分组，结果如图 11-17a 所示。

2）设置分类汇总参数。分类字段选择"费用项目"，汇总方式选择"求和"，选定汇总项为"金额（元）"，如图 11-17b 所示。

日期	费用项目	说明	金额（元）
2013-11-3	办公费	购买打印纸、订书针	¥ 100.00
2013-11-7	办公费	购买电脑2台	¥ 9,000.00
2013-11-12	办公费	购买饮水机1台	¥ 420.00
2013-11-22	办公费	购买文件夹、签字笔	¥ 50.00
2013-11-10	交通费	出差	¥ 600.00
2013-11-19	交通费	出差	¥ 680.00
2013-11-25	交通费	出差	¥ 1,800.00
2013-11-10	宣传费	制作宣传单	¥ 520.00
2013-11-16	宣传费	制作灯箱布	¥ 600.00
2013-11-28	宣传费	制作宣传册	¥ 850.00
2013-11-6	运输费	运输材料	¥ 300.00
2013-11-8	运输费	为郊区客户送货	¥ 500.00
2013-11-18	运输费	运输材料	¥ 200.00
2013-11-3	招待费		¥ 3,500.00
2013-11-22	招待费		¥ 2,000.00

a) 按照费用项目排序的结果

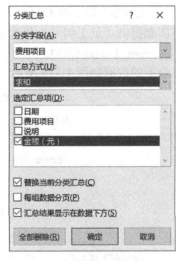

b) 设置分类汇总参数

图 11-17 Excel 中实现汇总操作

2．数据透视表

如图 11-18 所示，在"数据透视表字段"面板中选中"费用项目"和"金额（元）"复选框，把"费用项目"放置在"行"区域，把"求和项：金额（元）"放置在"值"区域，就获得了费用项目的数据透视表。

行标签	求和项:金额（元）
办公费	9570
交通费	3080
宣传费	1970
运输费	1000
招待费	5500
总计	**21120**

图 11-18　使用数据透视表实现分类汇总功能

下面使用 Pandas 来实现分组聚合。

首先读取 Excel 文件，并查看文件，代码如下。

```
import pandas as pd
df = pd.read_excel('data/日常费用统计表.xlsx')
df.head()
```

显示结果如图 11-19 所示。

	日期	费用项目	说明	金额（元）
0	2013-11-03	办公费	购买打印纸、订书针	100
1	2013-11-03	招待费	NaN	3500
2	2013-11-06	运输费	运输材料	300
3	2013-11-07	办公费	购买电脑2台	9000
4	2013-11-08	运输费	为郊区客户送货	500

图 11-19　日常费用统计表

在 Pandas 中，使用 groupby()方法就能实现分类汇总，代码如下。

```
df.groupby(by='费用项目').sum()
df.groupby(by='费用项目').sum().sort_values('金额（元）', ascending=False)
```

第 1 行代码使用默认方式汇总，第 2 行代码按照费用项目的金额由大到小排序，效果如图 11-20 所示。

细心的读者会发现，怎么没有像在 Excel 中那样选定汇总项呢？在 Pandas 中，如果没有选中汇总项，会对所有数值列汇总。这里使用的是 sum，要求列是数值，所以显示的是"金额（元）"这一列的汇总。

如果选择的函数是 count，对列中元素没有特别要求，就会显示其他所有列的分组数目，代码如下。

```
df.groupby(by='费用项目').count()
```

返回的对象是 DataFrame 类型，汇总的结果如图 11-21 所示。

	金额（元）
费用项目	
交通费	3080
办公费	9570
宣传费	1970
招待费	5500
运输费	1000

a) 以默认方式汇总

	金额（元）
费用项目	
办公费	9570
招待费	5500
交通费	3080
宣传费	1970
运输费	1000

b) 按费用项目的金额由大到小排序

图 11-20　汇总结果，返回的对象是 DataFrame

	日期	说明	金额（元）
费用项目			
交通费	3	3	3
办公费	4	4	4
宣传费	3	3	3
招待费	2	0	2
运输费	3	3	3

图 11-21　根据"费用项目"汇总的结果

选定汇总项"费用项目"并求和，代码如下。

```
df.groupby(by='费用项目')['金额（元）'].sum()
```

由于选定了列，因此返回的是 Series 对象，显示结果如下。

```
费用项目
交通费    3080
办公费    9570
宣传费    1970
招待费    5500
运输费    1000
Name: 金额（元）, dtype: int64
```

汇总所有费用项目的总金额的代码如下。

```
df.groupby(by='费用项目').sum()['金额（元）'].sum()    #21120
```

最后归纳一下分组聚合操作的步骤，如图 11-22 所示。

1）分组：选择类别排序来实现分组。

2）聚集：这是整个流程的关键，包括对哪几列聚集，采用什么聚集函数。

3）合并：这是最简单的一步。

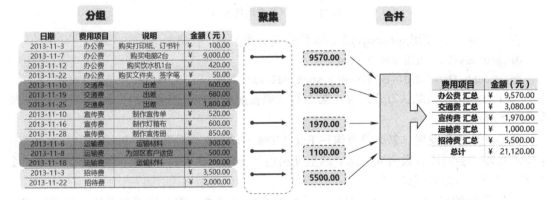

图 11-22　分组聚合操作的 3 个步骤

GroupBy 对象常用的聚集函数如表 11-3 所示。

表 11-3　Pandas 中常用的描述性统计信息函数

函数	描述	函数	描述
count	非空观测数量	min	所有值中的最小值
sum	所有值之和	max	所有值中的最大值
mean	所有值的平均值	abs	绝对值
median	所有值的中位数	prod	数组元素的乘积
mode	值的众数	cumsum	累计总和
std	值的标准偏差	cumprod	累计乘积

11.5　小结

- 通过使用 Pandas 来完成 Excel 的任务，可以快速掌握 Pandas 的核心技能。
- Pandas 的核心数据类型是 DataFrame，中文称为数据框、数据帧或二维表。
- 查看 DataFrame 对象的常用方法有 head()、tail()、info()和 describe()。
- DataFrame 的基础数据结构是 Series，Series 是类似于一维数组的对象。
- DataFrame 的 4 种切片方式是选取整行、选取整列、先选行后取列、先选列后取行。
- 分组聚集分为 3 个步骤：分组、聚集、合并。

11.6　习题

一、选择题

1．在下列方法中，用于查看 DataFrame 对象的前 n 行的方法是_____。

A．size()　　　　　B．values()　　　　　C．head()　　　　　D．tail()

2．在下列 DataFrame 对象方法中，_____用于输出 DataFrame 的信息，包括索引数据类型和列数据类型、非空值和内存使用情况。

A．info()　　　　　B．values()　　　　　C．head()　　　　　D．tail()

3．在下列 DataFrame 对象方法中，_____用于输出有用的统计信息，包括了数据量、均值、方差、最大值、最小值等。

A．info()　　　　　B．values()　　　　　C．head()　　　　　D．describe()

4．下列关于 groupby()方法的说法正确的是_____。

A．能够实现分组聚合　　　　　　　　B．结果能够直接查看

C．是 Pandas 提供的一个用来分组的方法　　D．是 Pandas 提供的一个用来聚合的方法

二、操作题

1．探索 2012 年的欧洲杯数据。文件 Euro_2012_stats_TEAM.csv 保存了 2012 年欧洲杯的统计数据。使用 Pandas 求解下面的问题：

1）将数据集命名为 euro12。

2）只选取 Goals 这一列。

3）有多少球队参与了 2012 年的欧洲杯？

4）该数据集中一共有多少列（columns）？

5）将列 Team、Yellow Cards 和 Red Cards 单独存储为名叫 discipline 的数据框。

6）对数据框 discipline 按照先 Red Cards 再 Yellow Cards 的顺序进行排序。

7）计算每个球队拿到的黄牌数的平均值。

8）找到进球数 Goals 超过 6 的球队数据。

9）选取以字母 G 开头的球队数据。

10）选取前 7 列。

11）选取除了最后 3 列之外的全部列。

12）找到英国、意大利和俄罗斯的射正率（Shooting Accuracy）。

2．探索酒类消费数据。文件 drinks.csv 保存着各个国家的酒类消费数据。使用 Pandas 求解下面的问题：

1）将数据框命名为 drinks。

2）哪个大陆（continent）平均消耗的啤酒（beer）最多？

3）输出每个大陆（continent）的红酒消耗（wine_servings）的描述性统计值。

4）输出每个大陆对每种酒类的消耗平均值。

5）输出每个大陆对每种酒类的消耗中位数。

6）输出每个大陆对 spirit 饮品消耗的平均值、最大值和最小值。

第 12 章 数据可视化入门

带着以下问题学习本章。
- 什么是数据可视化?
- Matplotlib 有哪两种接口?
- Pandas 作图有什么特点?
- 如何绘制中文文本的词云图?

12.1 Matplotlib 的基本用法

图形可视化是展示数据的一个非常好的手段,好的图表自己会说话。在 Python 的世界里,Matplotlib 是最著名的绘图库,它支持几乎所有的二维绘图和部分三维绘图,被广泛地应用在科学计算和数据可视化领域。

12.1.1 Python 绘图基础: Matplotlib

Matplotlib 是一个开源项目,最初由 John D.Hunter 创建,首次发布于 2007 年。由于在函数设计上参考了 MATLAB,因此其名字以"Mat"开头,中间的"plot"表示绘图,结尾的"lib"则表示它是一个集合。Matplotlib 是 Python 最基础也是最常用的可视化工具,许多更高级的可视化库都是在 Matplotlib 上再次封装以提供更简单易用的功能,如 seaborn 库。

Matplotlib 中应用最广的是 matplotlib.pyplot(以下简称 pyplot)模块。该模块是命令风格函数的集合,使 Matplotlib 的机制更像 MATLAB。

小故事: Matplotlib 的由来

John D. Hunter 和他研究癫痫症的同事借助一个专有软件做脑皮层电图分析,但是他所在的实验室只有一份该电图分析软件的许可。他和一起工作的同事不得不轮流使用该软件的硬件加密狗。于是,John D. Hunter 便有了开发一个工具来替代当前所使用软件的想法。当时,MATLAB 被广泛应用在生物医学界中,John D. Hunter 等人最初是想开发一个基于 MATLAB 的版本,但是由于 MATLAB 的一些限制和不足,加上他本身对 Python 非常熟悉,于是诞生了 Matplotlib。

12.1.2 实例: 绘制正弦曲线

Matplotlib 的操作比较容易,用户只需用几行代码即可生成直方图、功率谱图、条形图、错误图和散点图等图形。

下面通过绘制区间[0,2π]的正弦曲线来了解 Matplotlib 的基本应用,图形如图 12-1 所示。

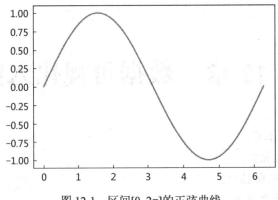

图 12-1 区间[0, 2π]的正弦曲线

设置 x 轴的初始值 x，然后计算出对应的正弦值，代码如下：

```
%matplotlib inline

import matplotlib.pyplot as plt
import numpy as np

x = np.linspace(0, 2 * np.pi, 50)
plt.plot(x, np.sin(x)) # 如果没有第一个参数 x，图形的 x 坐标默认为数组的索引
plt.show()              # 显示图形
```

说明：

1）第 1 行：%matplotlib 是 Jupyter Notebook 的魔法命令，inline 表示将图表嵌入到 Notebook 中。

2）第 2 行：导入 matplotlib.pyplot，并起别名为 plt。

3）第 4 行：生成均匀分布在[0,2π]区间上的 50 个浮点数的数组。

4）第 5 行：plt.plot 是最常用的绘图方式，支持的参数包括 list、Pandas 的 Series 对象、NumPy 数组等。

12.1.3 实例：2017 年全球 GDP 排名前 4 的国家

为了掌握绘图的核心，下面分两个步骤来绘制 2017 年全球 GDP 排名前 4 的国家。

第 1 步：通过指定图表类型、x 轴数据、y 轴数据来绘制图形框架。代码如下：

```
%matplotlib inline

import matplotlib.pyplot as plt

countries = ['USA', 'China', 'Japan', 'Germany']
GDP = [185691, 112182.8, 49386.4, 34666.3]
plt.bar(countries, GDP)
plt.show()
```

显示结果如图 12-2a 所示。

第 2 步：通过更多设置来定制图表，代码如下：

```
plt.bar(countries, GDP, align='center', color='yellow', alpha=0.5)
plt.ylabel('GDP')
plt.title('2017 World GDP Rank')
plt.ylim([10000, 200000])
for x, y in enumerate(GDP):
    plt.text(x, y+100,'%s' %round(y,1),ha='center')
plt.show()
```

显示结果如图 12-2b 所示。最后几行代码用于显示每个国家的 GDP 数值。

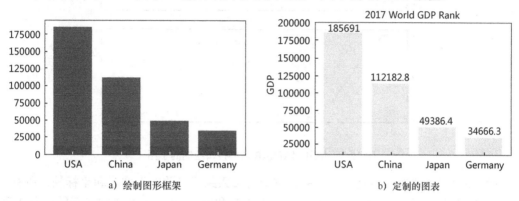

a）绘制图形框架　　　　　　　　b）定制的图表

图 12-2　全球 GDP 排名前 4 的国家（2017 年）

12.2　Matplotlib 的两种接口

Matplotlib 有一个容易让人混淆的特性，就是它的两种画图接口：一个是便捷的 MATLAB 风格接口，另一个是功能更强大的面向对象接口。下面对比这两种接口的主要差异。

12.2.1　MATLAB 风格接口

Matplotlib 最初作为 MATLAB 用户的 Python 替代品，许多语法都和 MATLAB 类似。MATLAB 风格的工具位于 pyplot 接口中。MATLAB 用户应该对下面的代码特别熟悉：

```
%matplotlib inline

import numpy as np
import matplotlib.pyplot as plt

x = np.linspace(0, 10, 100)
plt.figure()                    # 创建图形

# 创建两个子图中的第 1 个，设置坐标轴
plt.subplot(2, 1, 1)            # (行, 列, 子图编号)
plt.plot(x, np.sin(x))
```

```
plt.subplot(2, 1, 2)              # 创建两个子图中的第 2 个
plt.plot(x, np.cos(x))
```

绘制的图形有两个子图，如图 12-3 所示。

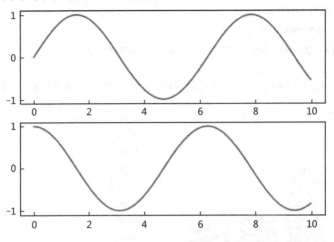

图 12-3　使用 MATLAB 风格接口绘制的子图

这种接口最重要的特性是有状态的，它会持续跟踪"当前的"图形和坐标轴，所有 plt 命令都可以应用，可以用 plt.gcf()（获取当前图形）和 plt.gca()（获取当前坐标轴）来查看具体信息。

虽然使用有状态的接口画起图来又快又方便，但是也很容易出问题。例如，当创建上面的第 2 个子图时怎么才能回到第 1 个子图并增加新内容呢？尽管用 MATLAB 风格的接口也能实现，但是有些复杂，这时可以使用面向对象接口。

12.2.2　面向对象接口

面向对象接口能适应更复杂的场景，更好地控制图形。在面向对象接口中，画图函数不再受当前"活动"图形或坐标轴的限制，而是使用显式的 Figure 和 Axes 的方法。通过下面的代码，可以用面向对象接口重新创建之前的图形：

```
# 先创建图形网格，  ax 是包含两个 Axes 对象的数组，fig
fig, ax = plt.subplots(2)

# 在每个对象上调用 plot() 方法
ax[0].plot(x, np.sin(x))
ax[1].plot(x, np.cos(x))
```

在画简单图形时，选择哪种绘图风格主要看个人喜好，但是在画比较复杂的图形时，面向对象接口方法会更方便。

12.3　使用 Pandas 可视化数据

使用 Pandas 可视化数据最大的优点就是简洁，不足是定制化程度不高。

下面的任务是绘制每个销售员销售总额的柱状图，数据和图形如图 12-4 所示。

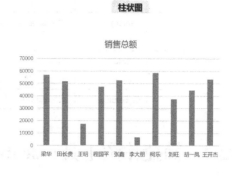

图 12-4　销售员的销售数据和柱状图

由于 Pandas 的 DataFrame 自带数据，因此绘制图形更为简单。

```
%matplotlib inline
import pandas as pd

df = pd.read_excel('data/产品销售数据表.xlsx')
df.plot(kind='bar', x='销售员', y='销售总额')
```

plot()方法的主要参数及描述如表 12-1 所示。

表 12-1　plot()方法的主要参数及描述

参数	描述
label	图例标签
ax	绘图所用的 Matplotlib 子图对象；默认使用当前活动的子图
style	传给 Matplotlib 的样式字符串，如 "ko--"
alpha	图片不透明度（从 0~1）
kind	可选值有 area、bar、barh、density、hist、kde、line 和 pie
logy	在 y 轴上使用对数缩放
use_index	使用对象索引刻度标签
rot	刻度标签的旋转（0~360）
xticks	用于 x 轴刻度的值
yticks	用于 y 轴刻度的值
xlim	x 轴范围（如[0,10]）
ylim	y 轴范围
grid	展示轴网格（默认是打开的）

DataFrame 拥有多个选项，允许灵活地处理列，参数及描述如表 12-2 所示。

表 12-2　DataFrame 选项的参数及描述

参数	描述
subplots	将 DataFrame 的每一列绘制在独立的子图中
sharex	如果 subplots=True，则共享 x 轴、刻度和范围

（续）

参数	描述
sharey	如果 subplots=True，则共享 y 轴
figsize	用于生成图片尺寸的元组
title	标题字符串
legend	添加子图图例（默认是 True）
sort_columns	按字母顺序绘制各列，默认情况下使用已有的列顺序

12.4　简捷作图工具：seaborn

　　seaborn 是在 Matplotlib 的基础上进行了更高级的 API 封装，使得作图更加容易。在大多数情况下使用 seaborn 能制作出具有吸引力的图，而使用 Matplotlib 能制作出具有更多特色的图，因此应该把 seaborn 视为 Matplotlib 的补充。seaborn 的主要思想是用高级命令为统计数据探索和为统计模型拟合创建各种图形。

　　注意：一旦导入 seaborn，Matplotlib 的默认作图风格就会被覆盖成 seaborn 的格式。

　　（1）示例：鸢尾花的矩阵图

　　当需要对多维数据集进行可视化时，最终都要使用矩阵图（Pair Plot）。如果想画出所有变量中任意两个变量之间的图形，用矩阵图探索多维数据不同维度间的相关性非常有效。

　　下面将用著名的鸢尾花数据集来演示，其中有 3 种鸢尾花的花瓣与花萼数据，数据集已经内置在 seaborn 中。首先加载数据集，返回的对象是 Pandas 的 DataFrame 类型，代码如下：

```
import seaborn as sns
sns.set()

iris = sns.load_dataset("iris")
iris.head()
```

鸢尾花数据如图 12-5 所示。

	sepal_length	sepal_width	petal_length	petal_width	species
0	5.1	3.5	1.4	0.2	setosa
1	4.9	3.0	1.4	0.2	setosa
2	4.7	3.2	1.3	0.2	setosa
3	4.6	3.1	1.5	0.2	setosa
4	5.0	3.6	1.4	0.2	setosa

图 12-5　鸢尾花数据

可视化样本中多个维度的关系非常简单，直接用 sns.pairplot 即可，代码如下：

```
sns.pairplot(iris, hue='species', size=2.5)
```

显示如图 12-6 所示。

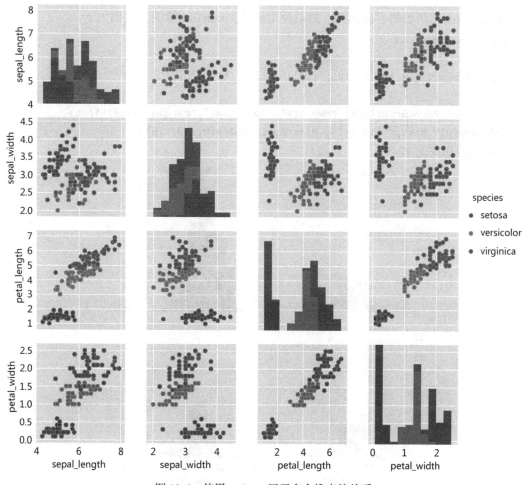

图 12-6　使用 seaborn 展示多个维度的关系

（2）示例：小费数据的分面频次直方图

有时观察数据最好的方法就是借助数据子集的分面频次直方图。seaborn 的 FacetGrid 函数可让这件事变得非常简单。这里使用某个餐厅统计的服务员收取小费的数据进行介绍。

先加载数据集：

```
tips = sns.load_dataset('tips')
tips.head()
```

小费数据如图 12-7 所示。

	total_bill	tip	sex	smoker	day	time	size
0	16.99	1.01	Female	No	Sun	Dinner	2
1	10.34	1.66	Male	No	Sun	Dinner	3
2	21.01	3.50	Male	No	Sun	Dinner	3
3	23.68	3.31	Male	No	Sun	Dinner	2
4	24.59	3.61	Female	No	Sun	Dinner	4

图 12-7　小费数据

添加小费占总消费的百分比列，然后使用函数 FacetGird 绘图，代码如下：

```
import numpy as np

tips['tip_pct'] = 100 * tips['tip'] / tips['total_bill']

grid = sns.FacetGrid(tips, row="sex", col="time", margin_titles=True)
grid.map(plt.hist, "tip_pct", bins=np.linspace(0, 40, 15))
```

绘制的图形如图 12-8 所示。

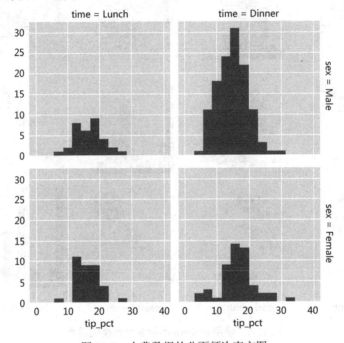

图 12-8　小费数据的分面频次直方图

12.5 词云图

使用第三方库 WordCloud 能很轻松地制作词云。在米筐中安装 WordCloud 的命令如下：

```
!pip install wordcloud --user
```

12.5.1 英文词云实例：爱丽丝梦游仙境

小知识 《爱丽丝梦游仙境》

《爱丽丝梦游仙境》（Alice's Adventures in Wonderland）是英国作家查尔斯·路德维希·道奇森以笔名路易斯·卡罗尔于 1865 年出版的儿童文学作品。故事叙述一个名叫爱丽丝的女孩从兔子洞进入一个神奇国度，遇到许多会讲话的生物以及像人一般活动的纸牌，最后发现原来是一场梦。

该童话自 1865 年出版以来，一直深受不同年纪的读者所喜爱。这本书已经被翻译成至少 125 种语言，到 20 世纪中期重版 300 多次，其流传之广仅次于《圣经》和莎士比亚的作品。

代码如下：

```
from wordcloud import WordCloud

text = open('data/Alice.txt').read()
wordcloud = WordCloud().generate(text)

import matplotlib.pyplot as plt
plt.imshow(wordcloud)
plt.axis("off")
plt.show()
wordcloud.to_file('test.png')
```

其中的第 3 行代码也可以设置参数，如下所示：

```
wordcloud = WordCloud(background_color="white", margin=2).generate(text)
```

制作的词云图如图 12-9 所示。

图 12-9　《爱丽丝梦游仙境》的词云图

还可以利用背景图片生成词云图，效果如图 12-10 所示。

图 12-10　利用背景图片生成的词云图

实现代码如下：

```python
from PIL import Image
import numpy as np
import matplotlib.pyplot as plt

from wordcloud import WordCloud, STOPWORDS, ImageColorGenerator

text = open('data/Alice.txt').read()

stopwords = set(STOPWORDS)
stopwords.add("said")
alice_coloring = np.array(Image.open("data/alice_color.png"))

wc = WordCloud(background_color="white", max_words=2000, mask=alice_coloring,
            stopwords=stopwords, max_font_size=40, random_state=42)
wc.generate(text)

plt.imshow(wc, interpolation="bilinear")
plt.axis("off")
plt.show()
```

12.5.2　中文词云实例：《促进新一代人工智能产业发展三年行动计划》词云图

制作中文词云和制作英文词云的流程大体相同，但有两个主要区别：一是中文需要分词，二是中文的显示需要中文字体支持。

英文单词之间采用空格作为强制分隔符。但是，中文文本就没有这种空格分隔了，这就需要使用分词工具来完成。

```python
import jieba
from wordcloud import WordCloud
import matplotlib.pyplot as plt

text = open('data/促进新一代人工智能产业发展三年行动计划.txt').read()
text = " ".join(jieba.cut(text))

wc = WordCloud(font_path="data/simsun.ttf", background_color="white", margin=3).
generate(text)

plt.imshow(wc, interpolation='bilinear')
plt.axis("off")
```

绘制的词云图如图 12-11 所示。

图 12-11 《促进新一代人工智能产业发展三年行动计划》词云图

12.6 小结

- Matplotlib 的使用方式和绘制思想已成为 Python 绘图库的标杆。
- Matplotlib 绘图有两种接口：MATLAB 风格接口和面向对象接口。
- 使用 Pandas 可视化数据最大的优点就是简洁。
- seaborn 是 Matplotlib 的高级 API 封装，用于统计数据的探索。
- 可使用 WordCloud 库来制作词云，对于中文需要先分词。

12.7 习题

一、选择题

1. _____是 Python 的绘图库，它提供了一种有效的 MATLAB 开源替代方案。
A．NumPy　　　　　　B．Pandas　　　　　　C．Matplotlib　　　　　D．Requests
2. 关于 Matplotlib 的描述，以下选项中错误的是_____。
A．Matplotlib 主要进行二维图表数据展示，广泛用于科学计算的数据可视化
B．Matplotlib 是提供数据绘图功能的第三方库
C．Matplotlib 是 Python 生态中最流行的开源 Web 应用框架
D．使用 Matplotlib 库可以利用 Python 程序绘制超过 100 种可视化效果
3. 下列代码中绘制散点图的是_____。
A．plt.scatter(x, y)　　　　　　　　B．plt.plot(x, y)
C．plt.legend('upper left')　　　　　D．plt.xlabel('散点图')
4. 为了观察测试 Y 与 X 之间的线性关系，X 是连续变量，使用下列_____比较适合。
　　A．散点图　　　　　B．柱形图　　　　　C．直方图　　　　　D．以上都不对

二、操作题

1．绘制图书比价图。

很多人在买书的时候，都比较喜欢货比三家。例如，《Python 3 程序设计》在 ChinaPub、当当、中国图书网、京东和天猫的最低价格分别为 41.2、36.8、38、38.2、39.9。针对这个数据，绘制水平条形图，如图 12-12 所示，编写代码显示。

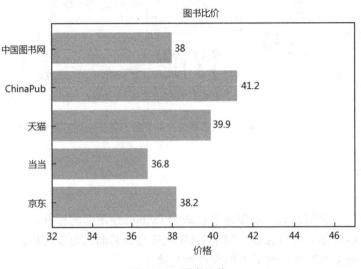

图 12-12　图书比价

2．制作词云图。

分析《中国制造 2025》，使用中文分词后制作词云图，参考效果如图 12-13 所示。

图 12-13　《中国制造 2025》词云图

3．绘制股票走势图。

Tushare 是一个免费、开源的 Python 财经数据接口包，主要实现对股票等金融数据的采集、清洗加工、存储，能够为金融分析人员提供快速、整洁和多样的便于分析的数据。该程序包在米筐和聚宽等平台中默认已经安装。

将下面的语句导入 TuShare，获取 A 股上市公司贵州茅台（股票代码：600519）从

2018-01-02 日到 2019-12-31 日的股价数据。

```
import tushare as ts
df=ts.get_hist_data('600519', start='2018-01-01', end='2019-12-31')
```

函数 get_hist_data 返回的数据类型是 Pandas 的 DataFrame，利用 Pandas 的绘图功能绘制贵州茅台的股票走势图，参考效果图如图 12-14 所示。

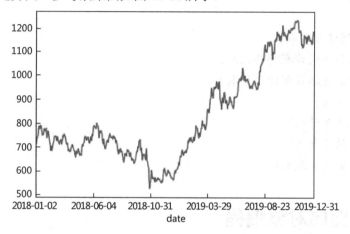

图 12-14　A 股上市公司贵州茅台 2018-01-02 日到 2019-12-31 日的股价走势图

第 13 章　面向对象程序设计

带着以下问题学习本章。

- *面向对象程序设计有哪些优点？*
- *实例属性和类属性有什么区别？*
- *什么是类方法？*
- *继承的优点是什么？*
- *封装的目的是什么？*
- *运算符是如何实现的？*

13.1　认识面向对象编程

　　Python 从设计之初就已经是一种面向对象的语言。正因为如此，在 Python 中创建一个类和对象是很容易的。本章将详细介绍 Python 的面向对象编程。

　　如果读者以前没有接触过面向对象的编程语言，那么需要先了解面向对象语言的基本特征，在头脑里形成基本的面向对象的概念。下面先介绍面向对象的基本特征。

13.1.1　面向对象编程

　　面向对象编程（Object Oriented Programming，OOP）也称为"面向对象程序设计"。类和对象是 OOP 中的两个关键内容。在面向对象编程中，以类来构造现实世界中的事物情景，再基于类来创建对象，进一步认识、理解、刻画事物。根据类创建的对象，每个对象都会自动带有类的属性和特点，然后按照实际需要赋予每个对象特有的属性，这个过程被称为类的实例化。

　　抽象指对现实世界的事物、行为和特征建模，建立一个相关的数据集来描绘程序结构，从而实现这个模型。抽象不仅包括这种模型的数据属性，还定义了这些数据的接口。抽象的直接表现形式通常为类。

　　从面向对象设计（Object Oriented Design，OOD）的角度去看，如果类是从现实对象抽象而来的，那么抽象类就是基于类抽象而来的。抽象类与普通类的不同之处在于，抽象类中只能有抽象方法（没有实现功能），该类不能被实例化，只能被继承，且子类必须实现抽象方法。

13.1.2　面向对象的优点

　　在面向过程的程序设计中，问题被看作一系列需要完成的任务，解决问题的焦点集中于函数。函数是面向过程的，即它关注如何根据规定的条件完成指定的任务。在多函数程序中，许多重要的数据被放置在全局数据区，这样它们可以被所有函数访问，但每个函数都只具有自己的局部数据。这样的程序结构容易造成全局数据在无意中被其他函数改动，从而导致程序的不准确性。

面向对象程序设计的出发点之一就是弥补面向过程程序设计中的一些缺点，对象是程序的基本元素，它将数据和操作紧密地连接在一起，并保护数据不会被外界的函数意外地改变。

面向对象有如下优点：

1）数据抽象能在保持外部接口不变的情况下改变内部实现，从而减少甚至避免对外界的干扰。

2）采用继承机制，大幅减少冗余代码，并能方便地扩展现有代码，提高编码效率，降低软件维护的难度。

3）结合面向对象分析、面向对象设计，允许将问题域中的对象直接映射到程序中，减少软件开发过程中中间环节的转换过程。

13.1.3　OOP 术语概述

表 13-1 所示是 OOP（面向对象编程）的术语及说明，以帮助读者快速入门。

表 13-1　OOP 术语及说明

名称	说明
类	用于定义表示对象的一组属性的原型。属性是通过点符号访问的数据成员（类变量和实例变量）和方法
类变量	由类的所有实例共享的变量。类变量在类中定义，但在类的任何方法之外。类变量不像实例变量那样频繁使用
实例	某个类的单个对象。例如，对象 obj 属于 Circle 类，它是 Circle 类的实例
对象	由其类定义的数据结构的唯一实例。对象包括数据成员（类变量和实例变量）和方法
数据成员	保存与类及其对象相关联的数据的类变量或实例变量
函数重载	将多个行为分配给特定函数。执行的操作因涉及的对象或参数的类型而异
实例变量	在方法中定义的仅属于类的当前实例的变量
继承	将类的特征传递给从其派生的其他类
实例化	创建类的实例
方法	在类定义中定义的一种特殊类型的函数
运算符重载	将多个函数分配给特定的运算符

13.2　类和对象

13.2.1　实例：采用面向过程和面向对象的程序设计处理学生成绩

下面以处理学生成绩为例来展示面向过程程序设计和面向对象程序设计的不同。

【任务】存储学生的信息，并依次输出学号、姓名和成绩。学生信息如表 13-2 所示。

表 13-2 学生信息表

学号（sno）	姓名（name）	成绩（score）
10101	liming	87
10105	zhangshan	95
10108	wangwei	82

【面向过程的方法】面向过程的程序可以用字典表示一个学生的成绩，而处理学生成绩可以通过函数实现，如打印学生的成绩可定义函数 print_score。

【面向过程的代码】

```
s1 = { 'sno':'10101', 'name': 'liming',    'score': 87 }
s2 = { 'sno':'10105', 'name': 'zhangshan', 'score': 95 }
s3 = { 'sno':'10108', 'name': 'wangwei',   'score': 82 }

def print_score(student):
    print('student number: %s, name: %10s,   socre %d'%(student['sno'], student
['name'], student['score']))

print_score(s1)
print_score(s2)
print_score(s3)
```

程序的运行结果如下。

```
student number: 10101, name:      liming,  socre 87
student number: 10105, name:  zhangshan,  socre 95
student number: 10108, name:    wangwei,  socre 82
```

采用面向过程的方式来设计程序，数据（学号、姓名、成绩）和方法（输出成绩）是分离的。

【面向对象的方法】

采用面向对象的程序设计思想，首先思考的不是程序的执行流程，而是学生应该被视为一个对象，这个对象拥有 name 和 score 这两个属性（Property）。如果要打印一个学生的成绩，首先必须创建这个学生对应的对象，然后给对象发一个输出成绩的消息（print_core），让对象把自己的数据打印出来。

【面向对象的代码】

```
class Student(object):

    def __init__(self, sno, name, score):
        self.sno = sno
        self.name = name
        self.score = score

    def print_score(self):
```

```
        print('student number: %s, name: %10s,  socre %d'% (self.sno, self.name,
self.score))


    s1 = Student('10101', 'liming',   87)
    s2 = Student('10105', 'zhangshan', 95)
    s3 = Student('10108', 'wangwei',  82)
    s1.print_score()
    s2.print_score()
    s3.print_score()
```

面向对象最重要的概念就是类（Class）和实例（Instance）。类是抽象的模板，如这里的 Student 类，而实例是根据类创建出来的一个个具体的"对象"，如 s1、s2、s3，每个对象都拥有相同的方法，但各自的数据可能不同。

Python 定义类通过 class 关键字，class 后面紧接着类名，即 Student。类名后紧接着的是父类，表示该类是从哪个类继承下来的。如果没有合适的继承类，就使用 object 类，这是所有类最终都会继承的类，如果省略，则默认继承自 object。

13.2.2　类的构成

面向对象程序设计把事物的特征和行为包含在类中。其中，事物的特征当作类的属性，事物的行为当作类的方法，而对象是类的一个实例。所以要想创建一个对象，需要先定义一个类。类由 3 部分组成。

1）类名：类的名称，它的首字母建议大写，如 Student；

2）属性：用于描述事物的特征，如学生有学号、姓名、成绩等特征；

3）方法：用于描述事物的行为，如输出学生的成绩 print_score。

为了能在创建对象的时候设置属性，Python 提供了构造方法，该方法的固定名称为 __init__()（以两条下画线开头和以两条下画线结尾）。当创建类的实例时，系统会自动调用构造方法，从而实现对类的初始化操作。

注意： __init__()方法的第一个参数永远是 self，表示创建的实例本身。因此，在 __init__()方法内部，就可以把各种属性绑定到 self，因为 self 指向创建的实例本身。

有了 __init__()方法，在创建实例的时候就不能传入空的参数了，必须传入与__init__()方法匹配的参数，但 self 不需要传入，Python 解释器自己会把实例变量传进去。

和普通的函数相比，在类中定义的函数只有一点不同，就是第一个参数永远是实例变量 self，并且调用时不用传递该参数。除此之外，类的方法和普通函数没有什么区别。

13.2.3　类的专有方法

Python 除了自定义私有变量和方法外，还可以定义专有方法。专有方法是在特殊情况下或使用特殊语法时由 Python 调用的，而不是像普通方法一样在代码中直接调用。当看到形如__XXX__的变量或函数名时就需要注意，这在 Python 中是有特殊用途的。类的专有方法及功能如表 13-3 所示。

表 13-3 类的专有方法及功能

方法	功能	方法	功能
__init__()	构造函数,在生成对象时调用	__call__()	函数调用
__del__()	析构函数,释放对象时使用	__add__()	加运算
__repr__()	打印,转换	__sub__()	减运算
__setitem__()	按照索引赋值	__mul__()	乘运算
__getitem__()	按照索引获取值	__div__()	除运算
__len__()	获得长度	__mod__()	求余运算
__cmp__()	比较运算	__pow__()	乘方

13.2.4 实例属性和类属性

考虑下面的场景:张三、李四是学生,他们有各自的名字"张三"和"李四",这是实例属性;他们还有共同的类型名称"学生",这是类属性。如果用 Python 代码来描述,则代码如下。

```python
class Student(object):
    cname = '学生'              #  类属性
    def __init__(self, name):
        self.name = name


s1 = Student('张三')
s2 = Student('李四')
print(s1.name, s1.cname)   # 张三 学生
print(s2.name, s2.cname)   # 李四 学生
```

定义了类属性后,这个属性归类所有,但类的所有实例都可以访问。

实例属性属于各个实例所有,类属性属于类所有,所有实例共享一个属性。

提示:编写程序的时候,千万不要对实例属性和类属性使用相同的名称,因为相同名称的实例属性将屏蔽类属性。

13.2.5 类方法和静态方法

Python 的类有 3 种方法:实例方法、类方法和静态方法。实例方法也称为对象方法、成员方法,默认有 self 参数,并且只能被对象调用,是最常用的。类方法默认有 cls 参数,能被类和对象调用,使用 @classmethod 修饰。静态方法使用 @staticmethod 修饰,能直接使用类名调用。这 3 种方法的比较如表 13-4 所示。

表 13-4 Python 类的 3 种方法

方法类别	语法	描述	说明
对象方法	def 方法名	第一个形参 self,默认传递	生成对象后才能使用
类方法	@classmethod	第一个形参 cls,默认传递	创建工厂方法,针对不同的用例返回类对象
静态方法	@staticmethod	没有默认传递的形参	面向过程中的函数

下面通过示例来展示类方法和静态方法的使用。

```
from datetime import date

class Person:
    def __init__(self, name, age):
        self.name = name
        self.age = age

    @classmethod
    def fromBirthYear(cls, name, year):
        return cls(name, date.today().year - year)

    @staticmethod
    def isAdult(age):
        return age > 18

person1 = Person('Eric', 20)
person2 = Person.fromBirthYear('Eric', 1999)

print(person1.age)          # 20
print(person2.age)          # 20
print(Person.isAdult(20))   # True
```

上述代码通过两种方式创建了对象，第 1 种方式通过调用类的__init__()方法创建对象 person1，第 2 种方式通过类方法 fromBirthYear()来创建对象。程序运行时为 2019 年，所以计算出 Eric 的年龄是 20。最后一行代码调用了静态方法 isAdult()来判断一个人是否成年。

类方法是绑定到类的方法，可以访问类的状态。通常使用类方法来创建工厂方法。工厂方法针对不同的用例返回类对象（类似于构造函数）。

静态方法实际上就是面向过程程序设计中的函数，和类完全没有关系，用于创建实用程序函数。它存在于类中。

13.3　数据封装

封装（Encapsulation）是将抽象得到的数据和行为相结合，形成一个有机的整体（即类）。使用者不必了解具体的实现细节，通过外部接口和特定的访问权限来使用类。封装的目的是增强安全性和简化编程。

在类的内部可以有属性和方法，而外部代码通过直接调用对象的方法来操作数据，这样就隐藏了内部的复杂逻辑。但是，从前面 Student 类的定义来看，外部代码还是可以自由地修改一个实例的 name、score 属性的，如下所示。

```
s1.score = 99
print(s1.score)    # 99
```

如果要让内部属性不被外部访问，可以在属性的名称前加上双下画线。Python 的实例变量名如果以双下画线开头，就变成了一个私有（Private）变量，只有内部可以访问，外部不能访问，所以这里把 Student 类进行修改，如下所示。

```python
class Student():

    def __init__(self, sno, name, score):
        self.__sno = sno
        self.__name = name
        self.__score = score


s1 = Student('10101', 'liming',    87)
print(s1.__name)
```

改完后，外部代码已经无法访问这些属性了。上述代码执行到 print(s1.__name) 语句，会出现图 13-1 所示的错误。

```
---------------------------------------------------------------------------
AttributeError                            Traceback (most recent call last)
<ipython-input-29-6bedec81f7b5> in <module>()
      7
      8 s1 = Student('10101', 'liming',    87)
----> 9 print(s1.__name)

AttributeError: 'Student' object has no attribute '__name'
```

图 13-1 访问私有变量显示的错误

这样就确保了外部代码不能随意修改对象内部的状态。通过访问限制的保护，代码更加健壮。如果外部代码要获取 name 和 score，可以给 Student 类增加 get_name()和 get_score()这样的方法，如下所示。

```python
class Student(object):
    def __init__(self, sno, name, score):
        self.__sno = sno
        self.__name = name
        self.__score = score

    def get_score(self):
        return self.__score

    def set_score(self, score):
        self.__score = score


s1 = Student('10101', 'liming',    87)
s1.set_score(99)
print(s1.get_score())     # 99
```

此时读者也许会有疑问，原来直接使用 s1.score = 99 也能修改，为什么要定义一个方法大费周折呢？

从外部直接修改属性违反了类的封装原则，因为对象的状态从类的外部是不可访问的。如果能够随意访问对象中的数据属性，那么有可能在不经意中修改了对象中的参数，这是很麻烦的。通常，封装好的类都会有足够的函数接口供程序开发人员使用，所以程序开发人员没有必要访问对象的具体数据属性。

另外，在方法中还可以对参数做检查，避免传入无效的参数，如下所示。

```python
class Student():
    ...

    def set_score(self, score):
        if 0 <= score <= 100:
            self.__score = score
        else:
            raise ValueError('bad score')
```

和 Java 等语言中的私有变量不同，Python 的私有变量其实是"伪私有化"，实际上还是可以从外部访问这些属性的。

```python
print(s1._Student__score)     # 99
print(s1._Student__name)      # liming
```

Python 会把__membername 替换成_class__membername，这称为命名修饰（name_mangling）技术。在外部访问原来的私有成员，系统会提示无法找到，而访问修饰后的变量（如 s1._Student__score）是允许的。

简而言之，想让其他人无法访问对象的方法和数据属性是不可能的，但程序开发人员不应该随意从外部访问私有成员。

提示：在 Python 中，名称类似__xxx__（双下画线开头、双下画线结尾）的变量是特殊变量，特殊变量可以直接访问，不是私有变量，如查看模块版本的变量__version__。

```python
import re

print(re.__version__)   # 2.2.1
```

13.4　继承

面向对象编程带来的好处之一是代码的重用，实现这种重用的方法是继承机制。继承（Inheritance）是两个类或多个类之间具有父子关系，子类继承父类的所有公有数据属性和方法，并且可以通过编写子类的代码来扩充子类的功能。

继承实现了数据属性和方法的重用，减少了代码的冗余度。

13.4.1　继承的优点：代码重用

在程序中，继承描述的是事物之间的所属关系。例如已经编写了名为 Person 的类，有一个 info()方法可以直接输出信息，如下所示。

```python
class Person():
    def __init__(self, name, age):
        self.__name = name
        self.__age = age
```

```
        print('Person __init__')

    def info(self):
        print('My name is %s, %d years old.' %(self.__name, self.__age))

p = Person('Eric', 28)
p.info()
# Person __init__
# My name is Eric, 28 years old.
```

当需要编写学生 Student 类和员工 Employee 类时，可直接从 Person 类继承，代码如下。

```
class Student(Person):
    pass


class Employee(Person):
    pass


s = Student('liming', 18)
s.info()
Person __init__
# My name is liming, 18 years old.
```

对 Student 类和 Employee 类来说，Person 类就是它的父类；对 Person 类来说，Student 类和 Employee 类就是它的子类。

继承最大的优点就是子类获得了父类的全部功能。由于 Person 类实现了 info()方法，因此，Student类和Employee 类作为它的子类，自动拥有了info()方法。通过继承，实现了数据属性和方法的重用，减少了代码的冗余度。

说明：子类可以不重写__init__()，实例化子类时，会自动调用超类中已定义的__init__()。但如果重写了__init__()，实例化子类时，则不会隐式地再去调用超类中已定义的__init__()，这与 C++、C#的区别很大。

下面的代码重写了__init__()方法，并在其中调用了父类 Person 的方法。

```
class Student(Person):
    def __init__(self, name, age):
        Person.__init__(self, name, age)
```

13.4.2 重载方法

子类可以在父类的基础上增加新的方法，或者重新实现父类的某些方法（也称为重载方法）。下面的示例重新实现了方法 info()。

```
class Student(Person):
    def get_score(self):
        return self.__score
```

```
    def set_score(self, score):
        self.__score = score

    def info(self):
        Person.info(self)
        # print('My name is %s, %d years old.' %(self._Person__name, self.
_Person__age))
        print('score is %d.' %(self.__score))

s = Student('liming', 18)
s.set_score(99)
s.info()
# Person __init__
# My name is liming, 18 years old.
# score is 99.
```

Python 的继承有以下特点：

1）调用基类方法时，需要加上基类的类名前缀，如 Person.info(self)，并且要带上 self 参数。注意，在类中调用在该类中定义的方法是不需要 self 参数的。

2）Python 总是优先查找对应类的方法，如果子类中没有对应的方法，Python 才会在继承链的基类中由下往上按顺序查找。

3）子类不能访问基类的私有成员。如果一定要访问，需要使用命名修饰（name_mangling）技术。在上面的代码中使用 self._Person__name 访问父类的 __name 变量。

表 13-5 列出了可以在自己的类中覆盖的一些通用方法。

表 13-5 类的部分通用方法

方法	描述	调用示例
__init__(self [,args...])	构造函数（带任意可选参数）	obj=className(args)
__del__(self)	析构函数，删除一个对象	del(obj)
__repr__(self)	可评估求值的字符串表示	repr(obj)
__str__(self)	可打印的字符串表示	str(obj)
__cmp__(self, x)	对象比较	cmp(obj, x)

13.5 多态

多态（Polymorphism）是指同一操作用于不同的对象可以有不同的解释，产生不同的执行结果。下面通过一个示例来理解多态。

```
class Person():
    def info(self):
        print('I am a person.')


class Student(Person):
    def info(self):
        print('I am a student.')
```

```
class Employee(Person):
    def info(self):
        print('I am an Employee.')

def print_info(L):
    for person in L:
        person.info()

a = Person()
b = Student()
c = Employee()
L = [a, b, c]
print_info(L)
# I am a person.
# I am a student.
# I am an Employee.
```

多态的优势是，对于函数 print_info 来说，只要列表中的元素是 Person 类或其子类，就能调用 info()方法。具体调用 info()方法时，究竟是 Person、Student 还是 Employee 对象，由运行时该对象的确切类型决定。这就是多态真正的威力，调用方只管调用，不管细节。

当新增 Person 的子类时，只要确保 info() 方法编写正确即可，不用考虑已有代码是如何调用的。这就是著名的"开闭"原则：对扩展开放，允许新增 Person 子类；对修改封闭，不需要修改依赖 Person 类型的 print_info 函数。

事实上，Python 是动态语言，可以调用实例方法，不检查类型，只要方法存在、参数正确就可以调用，这是与静态语言（如 Java）最大的差别之一，表明了动态（运行时）绑定的存在。这就是动态语言的"鸭子类型"，它并不要求严格的继承体系，一个对象只要"看起来像鸭子，走起路来像鸭子"，那它就可以被看作是鸭子。

13.6 运算符重载

在 Python 中使用运算符实际上是调用了对象的方法，例如，加法运算符"+"对应于类提供的__add__()方法，当调用"+"实现加法运算的时候，实际上是调用了__add__()方法。

为了更好地理解，下面通过示例来对加法运算进行重载，如下所示。

```
class Point:
    def __init__(self, x = 0, y = 0):
        self.x = x
        self.y = y

    def __str__(self):
        return "({0},{1})".format(self.x, self.y)

    def __add__(self, other):
```

```
        x = self.x + other.x
        y = self.y + other.y
        return Point(x,y)

p1 = Point(1, 3)
p2 = Point(2, 4)
print(p1 + p2)      # (3,7)
```

当执行 p1 + p2 语句时，Python 将调用 p1.__add__(p2)。

同样，也可以重载其他运算符。

13.7 小结

- 类是抽象的模板。
- 实例属性属于各个实例所有，类属性属于类所有，所有实例共享一个属性。
- 类方法是绑定到类的方法，通常使用类方法对不同的用例返回类对象。
- 继承最大的优点就是子类获得了父类的全部功能，并能扩展和修改（方法重载）。
- 封装的目的是增强安全性和简化编程，使用者不必了解具体的实现细节。
- Python 的私有变量其实是"伪私有化"，并不彻底。
- Python 是动态语言，调用实例方法时不需要检查类型，只需要方法存在即可。
- 使用运算符本质上是调用了对象的方法。

13.8 习题

一、选择题

1. 定义在类中的方法之外的变量是_____。

A．实例变量　　　　　B．类变量　　　　　　C．公有变量　　　　　D．私有变量

2. 从访问权限的角度来看，类中的方法默认都是_____。

A．私有方法　　　　　B．公有方法　　　　　C．静态方法　　　　　D．实例方法

3. 通过类内部的修饰器_____，可以指定某个方法为类方法。

A．@property　　　　B．@staticmethod　　C．@classmethod　　D．@method

4. 类中的实例方法总会有一个参数_____。

A．self　　　　　　　B．cls　　　　　　　　C．@staticmethod　　D．@classmethod

5. Python 中的子类调用父类的方法，需要使用函数_____。

A．up　　　　　　　　B．get　　　　　　　　C．parent　　　　　　D．super

6. 通过类内部的修饰器_____，可以指定类的方法为属性。

A．@property　　　　B．@staticmethod　　C．@classmethod　　D．@method

7. 类中的变量一般不允许直接修改，否则会破坏面向对象的_____。

A．封装特性　　　　　B．继承特性　　　　　C．多态特性　　　　　D．以上都对

8. 初始化实例对象时，调用的魔法函数是_____。

A. __init__　　　　　　B. __new__　　　　　　C. __cmp__　　　　　　D. __del__

9. 用户自定义类时，如果想让该类的实例对象被 print 调用时返回类的特定信息，就必须实现 Python 魔术方法中的_____。

A. __init__()　　　　　B. __str__()　　　　　C. __rep__()　　　　　D. __cmp__()

10. 执行以下代码的结果是_____。

```
class Person:
    def __init__(self, id):
        self.id = id


jack = Person(1)
jack.__dict__['age'] = 22
jack.age + len(jack.__dict__)
```

A. 2　　　　　　　　　B. 22　　　　　　　　　C. 23　　　　　　　　　D. 24

二、简答题

1. 简述静态函数、类函数和成员函数的区别。

2. 简述 Python 中以下画线开头的变量名的特点。

三、编程题

1. 设计一个 Circle（圆）类，包括圆心位置、半径、颜色等属性。编写构造方法和其他方法，计算周长和面积。请编写程序验证类的功能。

2. 阅读以下关于平面坐标处理的代码。

```
class Coordinate(object):
    def __init__(self, x, y):
        self.x = x
        self.y = y

    def getX(self):
        return self.x

    def getY(self):
        return self.y

    def __str__(self):
        return '<' + str(self.getX()) + ',' + str(self.getY()) + '>'
```

要求：

1）增加一个 eq()方法（def eq(self, other):），若坐标被认为是平面上的同一个点，则返回真（即有同样的 x、y 坐标）。

2）定义一个特殊方法 repr()（def repr(self):），能够输出形式如"Coordinate(1, 8)"的坐标。

3）完成如下操作：① 创建一个坐标为（1，8）的对象；② 分别用 str()方法和 repr()方法显示该对象；③ 再创建一个坐标为（1，8）的对象，并判断这两个对象是否相等。

第 14 章　机器学习入门

带着以下问题学习本章。

- 机器学习中的规则是事先设定好的吗？
- 深度学习作为机器学习的分支，擅长处理哪些数据？
- 机器学习的处理流程有哪些步骤？
- 如何评估分类模型？
- 如何评价回归模型？

14.1　初识机器学习

机器学习（Machine Learning）是一门多领域交叉学科，涉及概率论、统计学、逼近论、凸分析、算法复杂度理论等多门学科，专门研究计算机怎样模拟或实现人类的学习行为，以获取新知识或技能，重新组织已有的知识结构从而不断改善自身的性能。

机器学习是人工智能及模式识别领域的研究热点，其理论和方法已被广泛应用于解决工程应用和科学领域的复杂问题。

14.1.1　机器学习：新的编程范式

机器学习的概念来自于图灵的这些问题：对于计算机而言，除了"我们命令它做的任何事情"之外，它能否自我学习以执行特定任务的方法？计算机能否让人们大吃一惊？如果没有程序员精心编写的数据处理规则，计算机能否通过观察数据自动学会这些规则？图灵的这些问题引出了一种新的编程范式，如图 14-1 所示。

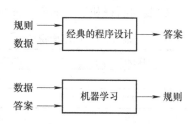

图 14-1　机器学习：一种新的编程范式

在经典的程序设计中，人们输入的是规则（即程序）和需要根据规则来处理的数据，系统输出的是答案。利用机器学习，人们输入的是数据和从这些数据中预期得到的答案（标签），系统输出的是规则。这些规则随后可应用于新的数据，由计算机生成答案。

机器学习系统是训练出来的，而不是明确地用程序编写出来的。将与某个任务相关的许多样本数据输入机器学习系统，它会在这些数据中找到统计结构，最终找到规则，将任务自动化。例如，想为照片添加标签，并且希望将这项任务自动化，那么可以将许多人工打好标签的照片输入机器学习系统，系统将学会把照片与特定标签联系在一起的统计规则。

机器学习在 20 世纪 90 年代开始蓬勃发展，迅速成为人工智能最成功的分支领域。这一发展的驱动力来自于速度更快的硬件与更大的数据集。

深度学习（Deep Learning）是机器学习领域中一个新的研究方向。深度学习是学习样本数据的内在规律和表示层次，获得的信息对诸如文字、图像和声音等数据的解释有很大的帮助，其最终目标是让机器能够像人一样具有分析学习能力，能够识别文字、图像和声音等数据。

机器学习与数理统计密切相关，又有所不同。不同于统计学，机器学习经常用于处理复杂的大型数据集（如包含数百万张图像的数据集，每张图像又包含数万像素），用经典的统计分析（如贝叶斯分析）来处理这种数据集是不切实际的。

机器学习（尤其是深度学习）呈现出相对较少的数学理论，以工程为导向。这是一个需要上手实践的学科，想法更多地是靠实践来证明，而不是靠理论推导。

14.1.2　入门示例：预测房屋价格

下面通过一个简化的任务来理解机器学习。

【任务】根据房屋面积、房屋价格的历史数据来预测房屋价格。目标：预测面积为 238.5m^2 的房屋价格。

房屋的数据如表 14-1 所示。

先对数据可视化，观察面积和价格的关系，代码如下。

```python
import numpy as np
import matplotlib.pyplot as plt


x = np.array([150, 200,250, 300, 350, 400, 600])
y = np.array([6450, 7450, 8450, 9450, 11450, 15450, 18450])


plt.scatter(x, y, color='blue')
plt.show()
```

绘制的面积和房价的散点图如图 14-2 所示。

表 14-1　房屋面积和价格表

面积/m^2	价格/千美元
150	6450
200	7450
250	8450
300	9450
350	11450
400	15450
600	18450

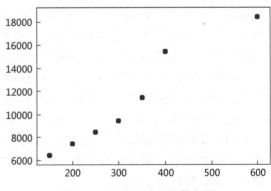

图 14-2　面积和房价的散点图

观察图 14-2 可知，基本符合线性关系，可采用线性回归模型。由于机器学习库 sklearn 已经提供了线性回归模型，因此使用该模型预测房屋价格非常简单，代码如下。

```python
from sklearn import linear_model


area = 238.5                                    # 给出待预测面积
```

```
X = x.reshape(-1, 1)                      # 转换一维数组为二维数组

model = linear_model.LinearRegression()   # 建立线性回归模型
model.fit(X, y)                           # 拟合
print(model.predict(area))                # [8635.02659574]
```

这里的模型很简单，本质上是通过斜率和截距来计算的，如下所示。

```
# 得到直线的斜率、截距后计算价格
a, b = model.coef_, model.intercept_
print(a * area + b)                       # [8635.02659574]
```

说明：不是所有模型都有斜率和截距这两个参数。

如果要预测多个值，需要传入的参数为二维数组，代码如下。

```
area = np.array([238.5, 288]).reshape(-1, 1)
print(model.predict(area))                # [ 8635.02659574 10059.46808511]
```

把实际数据和预测值放在同一张图上显示的代码如下。

```
plt.scatter(x, y, color='blue')
plt.plot(x, model.predict(X), color='red', linewidth=4)
plt.show()
```

所绘制的对比图如图 14-3 所示。

这个示例属于机器学习中的回归任务
（Regression），也就是预测值。在机器学习
中，还有一类任务用于预测类别，称为分类
任务。

无论是回归任务还是分类任务，都是通过
在训练数据上训练得到规则，然后把规则应用
在未知测试数据上来预测结果，如图 14-4 所
示。训练也称为估计或拟合（Fit），而规则体
现为参数，在这个示例中规则表现为斜率和
截距这两个参数。在复杂的模型中，参数成
千上万个，甚至高达数十亿个，这时候计算能力至关重要。

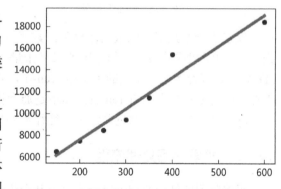

图 14-3　房屋价格的预测值和实际值的对比图

图 14-4　机器学习的简化流程

这里给出的示例是简化的例子，只有一个特征（房屋面积），要更为准确地预测价格，
需要提供更多的特征，如地段、学区等。把每个房屋的一组数据称为一个样本，把房屋的不
同属性称为特征，把需要预测的特征称为标签。若干个样本和除标签之外的特征构成了一个
二维的矩阵（2D 张量），通常用大写的 X 来表示，标签通常用小写的 y 来表示，如图 14-5
所示。

机器学习能处理的问题不仅限于表格数据，还能处理图像、声音、文本等。

如图 14-6 所示，给一组猫和狗的图片，经过训练后，让模型预测新的图片中是猫还是狗。图像、声音、文本等数据没有明显的特征，在深度学习出现之前，需要根据特定应用来提取特征，这依赖于设计者的经验，而且效果并不理想。采用深度学习后，神经网络能够从原始数据中自动提取有用的特征，使问题变得更容易。

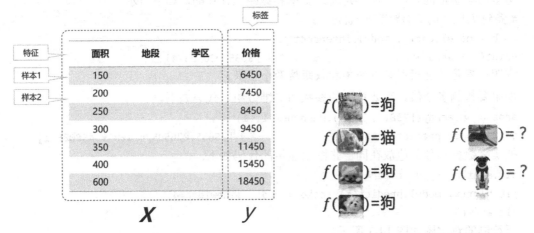

图 14-5　特征和标签　　　　　　　　　　图 14-6　区分猫和狗

仅包含一个数字的张量叫作标量，数字组成的数组叫作向量（Vector）或一维张量（1D 张量），向量组成的数组叫作矩阵或二维张量（2D 张量）。将多个矩阵合成，可以得到一个 3D 张量，以此类推。张量的英文是 Tensor，谷歌的深度学习框架名称为 TensorFlow，就源于深度学习处理的数据为 Tensor，而不是通常程序设计中的标量和数组。

深度学习处理的数据量非常大，往往需要借助 GPU 才能运行。

14.1.3　机器学习处理流程

机器学习的处理流程可以分为以下几个步骤，如表 14-2 所示。

表 14-2　机器学习处理流程的步骤

步骤	名称	说明
1	定义问题	调查和描述问题，以便更好地理解项目的目标
2	理解数据	使用描述性统计和可视化来更好地理解所掌握的数据
3	数据预处理	使用数据转换和特征工程来更好地向模型展示预测问题的结构
4	模型选择	选择算法模型，设置参数
5	模型训练	也称为模型拟合（Fit），生成规则
6	模型评估	设计测试工具来评估数据上的一些标准算法
7	模型优化	使用算法优化和集成方法来充分利用数据上性能良好的算法
8	模型应用	把优化后的模型应用在未知数据上

"预测房屋价格"的示例很简单，无须做数据预处理，其他几个步骤如模型选择、模型训练、模型应用的代码如下。

```
model = linear_model.LinearRegression()    # 模型选择
model.fit(X, y)                            # 模型训练
print(model.predict(area))                 # 模型应用
```

数据预处理步骤中的特征工程，是实际机器学习中非常关键的步骤。

特征工程（Feature Engineering）主要描述如何从原始数据中提取出机器学习能理解的特征，包含特征提取（Extract）、特征转换（Transform）与特征选择（Select），简称 ETS。

从数据中提取的特征是数值型时，算法才能运行。直接给出一串文本或者一张图片，算法无法理解，所以需要对这类特征进行转换，以便满足算法的要求。

在特征工程中被引用较多的一句话是：

```
Actually the success of all Machine Learning algorithms depends on how you
present the data.
```

机器学习算法的成功，取决如何展现数据。

特征工程对机器学习算法的影响很大，特征提取得好坏，直接影响算法模型的效果。特征工程的本质是用更简单的方式表述问题，从而使问题变得更容易。

本章侧重于介绍应用机器学习算法来处理问题的整个流程，对特征工程不做详细介绍。

14.1.4 机器学习库 sklearn

scikit-learn 是使用 Python 语言开发的机器学习库，一般简称为 sklearn，是通用机器学习算法库中实现得比较完善的库，不仅实现的算法多，还包括大量详尽的文档和示例，并且其文档写得通俗易懂。

sklearn 的基本功能主要分为 6 个部分：分类（Classification）、回归（Regression）、聚类（Clustering）、降维（Dimensionality Reduction）、模型选择（Model Selection）与预处理（Preprocessing），如图 14-7 所示。

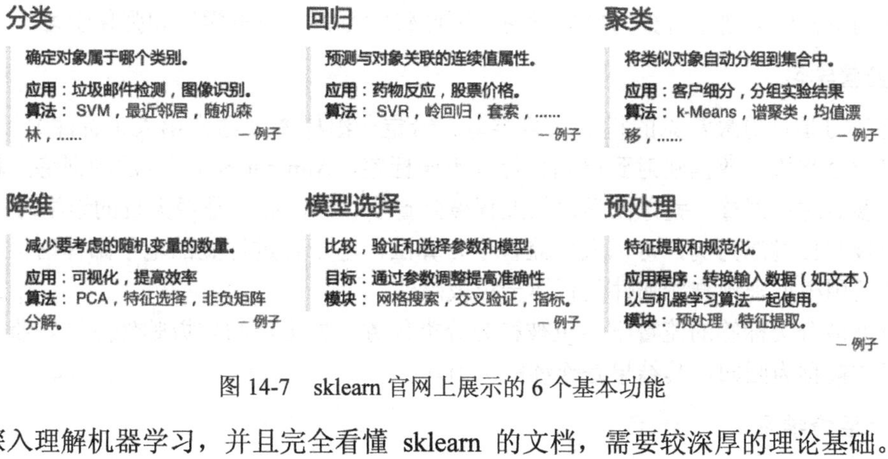

图 14-7   sklearn 官网上展示的 6 个基本功能

要深入理解机器学习，并且完全看懂 sklearn 的文档，需要较深厚的理论基础。但是，要将 sklearn 应用于实际的项目中，却并不需要特别多的理论知识，只需要对机器学习理论有一个基本的掌握，就可以直接调用其 API 来完成各种机器学习问题。

安装 sklearn 最简单的方法是使用 pip，命令如下：

```
pip install -U scikit-learn
```

米筐已经预装了 sklearn，可以直接使用。

查看 sklearn 版本的代码如下：

```
import sklearn
print(sklearn.__version__)    # 0.21.2
```

sklearn 附带了一些小型数据集（Toy Datasets），不需要从外部网站下载任何文件，这些数据集如表 14-3 所示。

表 14-3   sklearn 内置的小型数据集

加载方法	用途	行，列	说明
load_boston()	回归	506,13	波士顿房价数据集
load_iris()	多分类	150, 4	鸢尾花数据集
load_diabetes()	分类	442,10	糖尿病的数据集。每个特征都经过 0 均值、方差归一化的处理
load_digits()	分类/降维	1797,64	手写数字数据集，每个样本包括 8×8 像素的图像和一个[0, 9]整数的标签
load_linnerud()	多变量回归	20, 3	体能训练数据集
load_wine()	分类	178, 13	红酒数据集
load_breast_cancer()	二分类	569, 30	乳腺癌数据集

下面的代码用于查看数据集的大小。

```
import sklearn.datasets

dataset = sklearn.datasets.load_boston()
print(dataset.data.shape)              # (506, 13)
```

使用小型数据集能快速实现迭代，有助于初学者掌握机器学习的主要流程。

14.1.5　机器学习的分类

目前的机器学习通常可分为监督学习、无监督学习、自监督学习和强化学习。

1. 监督学习

监督学习是目前最常见的机器学习类型。给定一组样本（通常由人工标注），机器学习算法可以学会将输入数据映射到已知目标（也叫标签，Annotation），算法的训练过程就会根据标签对参数进行调整，就好比学习的过程被监督了一样，而不是漫无目的地学习。

以垃圾邮件过滤为例，可以采用监督学习算法，基于打过标签的电子邮件语料库来训练模型，然后用模型来预测新邮件是否属于垃圾邮件。

带有离散分类标签的监督学习也被称为分类任务，如上述的垃圾邮件过滤。监督学习的另一个子类被称为回归，其结果是连续的数值。

2. 无监督学习

无监督学习过程中，训练数据集只有每个数据实例的特征向量，而没有其所属的标签结果。因此，无监督学习算法往往称为聚类（Clustering），特征相似的聚集在一起。还有一种常见的无监督方法是降维（Dimensionality Reduction）。

无监督学习的目的在于进行数据可视化、数据压缩、数据去噪，或更好地理解数据中的相关性。无监督学习是数据分析的必备技能。

3．自监督学习

自监督学习是监督学习的一个特例，它与众不同，值得单独归为一类。自监督学习是没有人工标注的标签的监督学习，可以看作没有人类参与的监督学习。标签仍然存在，但它们是从输入数据中生成的，通常是使用启发式算法生成的。

自编码器（Autoencoder）是有名的自监督学习的例子，其生成的目标是未经修改的输入。同样，给定视频中过去的帧来预测下一帧，或者给定文本中前面的词来预测下一个词，都是自监督学习的例子。这两个例子也属于时序监督学习，即用未来的输入数据作为监督。

说明：监督学习、无监督学习和自监督学习之间的区别有时很模糊，这 3 个类别更像是没有明确界限的连续体。自监督学习可以被重新解释为监督学习或无监督学习，这取决于人们关注的是学习机制还是应用场景。

4．强化学习

强化学习是智能系统从环境到行为映射的学习，以使奖励信号（强化信号）函数值最大。在强化学习中，由环境提供的强化信号可对产生动作的好坏做一种评价（通常为标量信号），而不是告诉强化学习系统如何去产生正确的动作。

强化学习的目标是开发系统或代理（Agent），通过它们与环境的交互来提高预测性能。强化学习的常见例子是国际象棋。代理根据棋盘的状态或环境来决定一系列的行动，奖励为比赛结果的输赢。

强化学习一直以来被人们所忽视，近年来，谷歌公司将其成功应用于玩 Atari 游戏以及学习下围棋并达到最高水平。强化学习开始受到人们的关注。

14.2　分类实战：预测鸢尾花的类型

分类是指构造一个分类模型，输入样本的特征值，输出对应的类别，并将每个样本映射到预先定义好的类别。分类模型建立在已有类标签的数据集上，属于有监督学习。在实际应用场景中，分类算法被用于行为分析、物品识别、图像检测等。

14.2.1　鸢尾花数据集描述

鸢尾花（Iris）数据集是埃德加·安德森在加拿大加斯帕半岛上调研提取的鸢尾属花朵的地理变异数据。数据集共包含 150 个样本，属于鸢尾属下的 3 个亚属（3 个类别），分别是山鸢尾（Setosa）、变色鸢尾（Versicolor）和维吉尼亚鸢尾（Virginica），每个类别各 50 个实例。

数据集通过 4 个特征维度描述鸢尾花样本：花萼长度（Sepal Length）、花萼宽度（Sepal Width）、花瓣长度（Petal Length）、花瓣宽度（Petal Width），如图 14-8 所示。

14.2.2　数据探索

为了方便观察数据，首先把数据集的格式转换为 Pandas 的 DataFrame 格式。如果项目的数据来自于 CSV 文件，则可以直接读取为 DataFrame 格式。读取数据的代码如下。

```
import sklearn.datasets

dataset = sklearn.datasets.load_iris()
df = pd.DataFrame(data=dataset.data, columns=dataset.feature_names)
df.columns = df.columns.str.strip(' (cm)')
df['class'] = dataset.target
```

说明：

- 第 2 行：加载数据集到 dataset。
- 第 3 行：把列名和 numpy.ndarray 类型的 dataset.data 拼接为 DataFrame。
- 第 4 行：列名带有"(cm)"后缀的统一去除。
- 第 5 行：把标签列也加入到 DataFrame 中。

使用 df.info()查看当前的数据信息，显示如图 14-9 所示，没有缺失值。

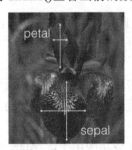

```
<class 'pandas.core.frame.DataFrame'>
RangeIndex: 150 entries, 0 to 149
Data columns (total 5 columns):
sepal length    150 non-null float64
sepal width     150 non-null float64
petal length    150 non-null float64
petal width     150 non-null float64
class           150 non-null int64
dtypes: float64(4), int64(1)
memory usage: 5.9 KB
```

图 14-8 鸢尾花   图 14-9 鸢尾花数据集的概要信息

使用 df.head()查看前几行数据，如表 14-4 所示。

表 14-4 鸢尾花前几行数据

	Sepal Length	Sepal Width	Petal Length	Petal Width	class
0	5.1	3.5	1.4	0.2	0
1	4.9	3.0	1.4	0.2	0
2	4.7	3.2	1.3	0.2	0
3	4.6	3.1	1.5	0.2	0
4	5.0	3.6	1.4	0.2	0

标签列 class 的值 0 表示山鸢尾（Setosa），1 表示变色鸢尾（Versicolor），2 表示维吉尼亚鸢尾（Virginica）。

使用 df.describe()查看 DataFrame 的描述性信息，如表 14-5 所示。

表 14-5 鸢尾花数据集的描述性信息

	Sepal Length	Sepal Width	Petal Length	Petal Width	class
count	150.00	150.00	150.00	150.00	150.00
mean	5.84	3.05	3.76	1.20	1.00
std	0.83	0.43	1.76	0.76	0.82
min	4.30	2.00	1.00	0.10	0.00
25%	5.10	2.80	1.60	0.30	0.00

（续）

	Sepal Length	Sepal Width	Petal Length	Petal Width	class
50%	5.80	3.00	4.35	1.30	1.00
75%	6.40	3.30	5.10	1.80	2.00
max	7.90	4.40	6.90	2.50	2.00

观察样本中的类别数量是否均衡，代码如下。

```
df.groupby('class').count()
```

输出如图 14-10 所示。样本在 3 个类别的数量相同，均为 50 个。

class	Sepal Length	Sepal Width	Petal Length	Petal Width
0	50	50	50	50
1	50	50	50	50
2	50	50	50	50

图 14-10　鸢尾花数据集的类别分布很均衡

观察相关性的代码如下。

```
correlations = df.corr(method='pearson')
print(correlations)
```

输出如图 14-11 所示。

```
              Sepal Length  Sepal Width  Petal Lebgth  Petal Width  class
Sepal Length      1.00         -0.11         0.87          0.82      0.78
Sepal Width      -0.11          1.00        -0.42         -0.36     -0.42
Petal Lebgth      0.87         -0.42         1.00          0.96      0.95
Petal Width       0.82         -0.36         0.96          1.00      0.96
class             0.78         -0.42         0.95          0.96      1.00
```

图 14-11　鸢尾花数据集的相关性

相关系数是绝对值在 0～1 之间的数，值越大，表示相关性越强；相关系数的正负体现相关的方向，负值代表两变量呈负相关，正值代表正相关。

花瓣长度（Petal Length）、花瓣宽度（Petal Width）的相关性高达 0.96，表明从这两个属性中只选取一个也不会对预测结果有太大的影响。而花瓣宽度（Petal Width）和类别的相关度为 0.96，表明只依据花瓣宽度（Petal Width）这一个属性来预测类别的准确度也会很高。

观察直方图的代码如下。

```
df.hist( layout=(2,3) )
```

输出如图 14-12 所示。

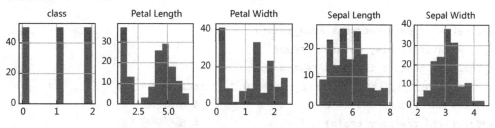

图 14-12　鸢尾花数据集标签列和 4 个属性的直方图

14.2.3 使用 kNN 模型预测

在机器学习库 sklearn 中已经实现了常用的算法模型，如线性回归、支持向量机 SVM、kNN、随机森林等，这里简要介绍 kNN 算法的基本思想。

假设你最好的 5 个朋友的平均工资决定了你的工资。其实，这就是 kNN 算法的思想。kNN 算法的全称是 k Nearest Neighbor 算法，中文意思是 k 个最邻近算法，可以用于回归和分类。

在上面的例子中，要预测一个人的工资，当 k=1 的时候，和你最近的那个朋友的工资就是你的工资；当 k=3 的时候（见图 14-13），和你最近的 3 个朋友工资的平均值就是你的工资。

除了用于回归之外，kNN 还能用于分类问题。kNN 分类则体现"少数人服从多数人"的思想。k 个最近邻居（k 为正整数，通常较小）中最常见的分类决定了该对象的类别。

如图 14-14 所示，要预测测试样本（圆形）是正方形还是三角形。当 k=3（实线圆）时，由于实线圆内有两个三角形，一个正方形，它被认为是三角形。当 k=5（虚线圆）时，由于虚线圆内有 3 个正方形和两个三角形，它被认为是正方形。

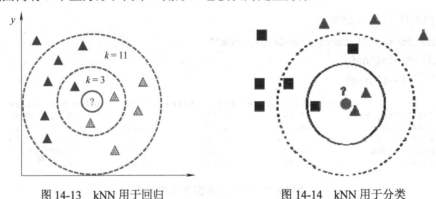

图 14-13　kNN 用于回归　　　　　　　图 14-14　kNN 用于分类

小结：在 kNN 回归中，k 个最近邻居的平均值就是对象的预测值；在 kNN 分类中，k 个最近邻居的最常见的分类就是对象的所属类别。

由于 sklearn 已经实现了 kNN 算法，因此使用 kNN 来预测鸢尾花的分类就很容易实现。

【代码】

```python
import sklearn.datasets
from sklearn.model_selection import train_test_split
from sklearn.neighbors import KNeighborsClassifier
from sklearn import metrics


dataset = sklearn.datasets.load_iris()
X, y = dataset.data, dataset.target
X_train, X_test, y_train, y_test = \
    train_test_split(X, y, test_size = 0.2, random_state = 3)
model = KNeighborsClassifier()                    # 模型选择
model.fit(X_train, y_train)                        # 模型训练（拟合）
```

```
y_pred = model.predict(X_test)          # 模型应用（推理）
print(y_pred)                           # 输出预测结果
print('acc: %.3f' % (metrics.accuracy_score(y_test, y_pred)))
```
输出结果如下：
```
[0 0 0 0 0 2 1 0 2 1 1 0 1 1 2 0 2 2 2 0 2 2 2 1 0 2 2 1 1 1]
acc: 0.967
```
第 1 行是预测的结果，0、1、2 分别代表山鸢尾（Setosa）、变色鸢尾（Versicolor）和维吉尼亚鸢尾（Virginica）。第 2 行是预测的准确率（Accuracy）。

在输出结果中，sklearn 的 model_selection 模块提供了 train_test_split 函数，能够对数据集进行拆分。该函数分别将传入的数据划分为训练集和测试集。如果传入的是一组数据，生成的就是这一组数据随机划分后的训练集和测试集，总共两组。如果传入的是两组数据，生成的训练集和测试集分别为两组，总共 4 组。

参数 test_size 接收 float、int、None 类型的数据，代表测试集的大小。如果传入的为float 类型的数据，则需要限定在 0～1 之间，代表测试集在总数中的占比；如果传入的为 int类型的数据，则表示测试集记录的绝对数目。

参数 random_state 代表随机种子编号。相同的随机种子编号产生相同的随机结果，不同的随机种子编号产生不同的随机结果。

说明：

train_test_split 函数是最常用的数据划分方法，在 model_selection 模块中还提供了其他数据集划分的函数，如 PredefinedSplit、ShuffleSplit 等函数。

使用 print(model)可以查看模型，输出如下：
```
KNeighborsClassifier(algorithm='auto', leaf_size=30, metric='minkowski',
          metric_params=None, n_jobs=1, n_neighbors=5, p=2,
          weights='uniform')
```
从输出可以看出，kNN 模型可以设置很多参数，如果不设置，就使用默认参数。其他分类器也可以设置很多参数。n_jobs 是通用的设置参数，指任务并行时指定的 CPU 数量，取值为-1 表示使用所有可用的 CPU。

通常在数据集上训练模型更关心如何进行优化，而不是模型的应用（推理）。这时，也可以采用下面的方式来查看准确度（Accuracy）。
```
model = KNeighborsClassifier()          # 模型选择
model.fit(X_train, y_train)             # 模型训练（拟合）
print('acc: %.3f' %(model.score(X_test, y_test))) # acc: 0.967
```

14.2.4　数据集的划分：训练集、验证集、测试集

为了保证模型在实际系统中能够起到预期作用，一般需要将样本分成独立的 3 部分。

1）训练集（Train Set）：用于估计模型。

2）验证集（Validation Set）：用于确定网络结构或者控制模型复杂程度的参数。

3）测试集（Test Set）：用于检验最优模型的性能。

如图 14-15 所示，典型的划分方式是训练集占总样本的 50%，而验证集和测试集各占

25%。在训练集上训练模型,在验证集上评估模型。一旦找到了最佳参数,就在测试集数据上最后测试一次。

说明:如果在验证集上就验证过一次,此时,验证集等同于测试集。

在数据科学比赛中,如知名网站 Kaggle 举办的比赛,只需要参赛者提供模型应用在测试集上获得结果。以"泰坦尼克号生存预测练习赛"为例,网站提供了 3 个数据,如图 14-16 所示。

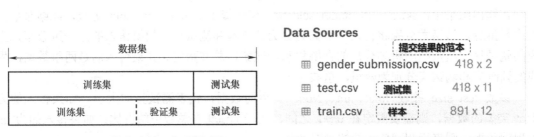

图 14-15　训练集、验证集和测试集　　　　图 14-16　"泰坦尼克号生存预测练习赛"数据

文件 train.csv 提供给参赛者,包含了数据和标签,共 12 列,参赛者需要把该文件切分为训练集和验证集来训练和验证自己设计的模型;文件 test.csv 则只包含数据,没有标签,需要参赛者用自己训练好的模型应用到测试集上来计算出目标值(标签列),然后提交到网站。文件 gender_submission.csv 是提交结果的范本,告诉参赛者提交文件的格式。该文件包含两列,一列是测试集数据的 id,另外一列是模型应用在测试集上获得的结果。

14.2.5　分类模型的评价指标

在机器学习问题中,通常需要建立模型来解决具体问题,但对于模型的好坏,也就是模型的泛化能力,该如何评估呢?

人们可以定一些评价指标来度量模型的优劣,比如准确率、精确率、召回率、F1 分数、ROC 曲线、AUC 等指标。

(1)准确率

准确率(Accuracy)即预测正确的结果占总样本的百分比。准确率代表整体的预测准确程度,包括正样本和负样本。

准确率是最常用的指标,但是在样本不均衡的情况下,并不能作为很好的指标来衡量结果。

比如在样本集中,正样本有 90 个,负样本有 10 个,样本严重不均衡。对于这种情况,只需要将全部样本预测为正样本,就能得到 90%的准确率,但是完全没有意义。因此,在样本不平衡的情况下得到的高准确率没有任何意义,此时准确率就会失效。所以,需要寻找新的指标来评价模型的优劣。

(2)精确率

精确率(Precision)也称为查准率,是针对预测结果而言的,其含义是在被所有预测为正的样本中实际为正样本的概率。精确率代表正样本结果中的预测准确程度。

（3）召回率

召回率（Recall）也称为查全率，是针对原样本而言的，其含义是在实际为正的样本中被预测为正样本的概率。

下面通过一个简单的例子来理解精确率和召回率。假设一共有 10 篇文章，其中 4 篇是要找的。根据算法模型找到了 5 篇，但实际上在这 5 篇之中只有 3 篇是真正要找的。

该算法模型的精确率是 3/5=60%，也就是找的这 5 篇中有 3 篇是对的。算法的召回率是3/4=75%，也就是需要找 4 篇文章，但找到了其中 3 篇。以精确率或召回率作为评价指标，需要根据具体问题而定。

（4）F1 分数

人们希望精确率和召回率都很高，但这实际上是矛盾的，上述两个指标是矛盾体，无法做到双高。因此，选择合适的阈值点，就需要根据实际问题需求，比如想要很高的精确率，就要失去一定的召回率。想要得到很高的召回率，就要失去一定的精确率。但通常情况下，人们可以根据它们之间的平衡点定义一个新的指标：F1 分数（F1-Score）。F1 分数同时考虑精确率和召回率，让两者同时达到最高，取得平衡。

sklearn 的 metrics 模块提供的分类评价指标如表 14-6 所示。

表 14-6　sklearn 的 metrics 模块提供的分类评价指标

方法名称	最佳值	sklearn 函数
Accuracy（准确率）	1.0	accuracy_score
Precision（精度率）	1.0	precision_score
Recall（召回率）	1.0	recall_score
F1 分数	1.0	f1_score
Cohen's Kappa 系数	1.0	cohen_kappa_score
ROC 曲线	最靠近 y 轴	roc_curve

sklearn 的 metrics 模块还提供了分类模型评价报告的函数 classfication_report 和混淆矩阵函数 confusion_matrix。

这里结合鸢尾花这个例子来进一步理解这些评价指标。运行下面的代码，用于输出真实值、预测值和分类模型评价报告。

```
print('真实值', y_test)
print('预测值', y_pred)
print(metrics.classification_report(y_test, y_pred))
```

输出如下。

```
真实值 [0 0 0 0 0 2 1 0 2 1 1 0 1 1 2 0 1 2 2 0 2 2 2 1 0 2 2 1 1 1]
预测值 [0 0 0 0 0 2 1 0 2 1 1 0 1 1 2 0 2 2 2 0 2 2 2 1 0 2 2 1 1 1]
          precision    recall  f1-score   support
       0       1.00      1.00      1.00        10
       1       1.00      0.90      0.95        10
       2       0.91      1.00      0.95        10
avg / total    0.97      0.97      0.97        30
```

分类模型评价报告的第 1 列表示类别，0、1、2 分别代表山鸢尾（Setosa）、变色鸢尾（Versicolor）和维吉尼亚鸢尾（Virginica）。

变色鸢尾 Versicolor（类别 1）的召回率（Recall）是 0.90，这里实际是 Versicolor 被正确预测的概率，如图 14-17 所示，关注的是第 1 行，10 个 "1" 中有一个被错误预测为 "2"，所以召回率是 9/10=0.90。

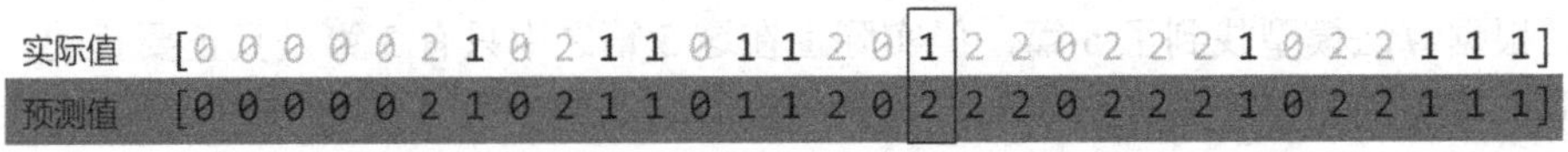

图 14-17 计算召回率，实际值中的类别 1 的数量作为分母

Virginica 的精确率是 0.91，如图 14-18 所示，关注的是第 2 行，11 个 "2"（Virginica）中有一个被错误预测为 "1"，所以精确度是 10/11=0.91。

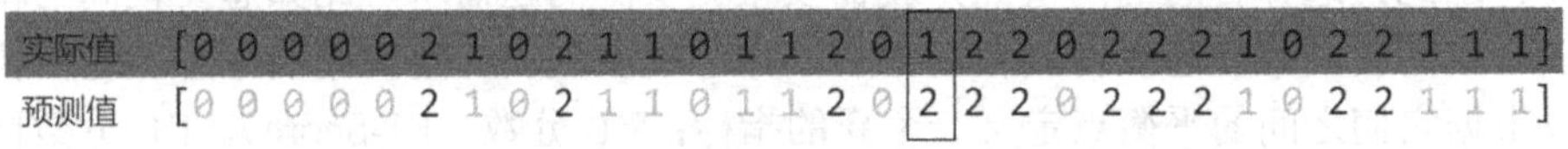

图 14-18 计算精确度，预测值中的类别 2 的数量作为分母

混淆矩阵（Confusion Matrix）是总结分类模型预测结果的情形分析表，以矩阵形式将数据集中的记录按照真实的类别与分类模型作出的分类判断进行汇总。这个名称来源于它可以非常容易地表明多个类别是否有混淆（也就是一个类别被误判为另一个类别）。

输出混淆矩阵很简单，代码为 metrics.confusion_matrix(y_test, y_pred)，结果如下：

```
array([[10,  0,  0],
       [ 0,  9,  1],
       [ 0,  0, 10]])
```

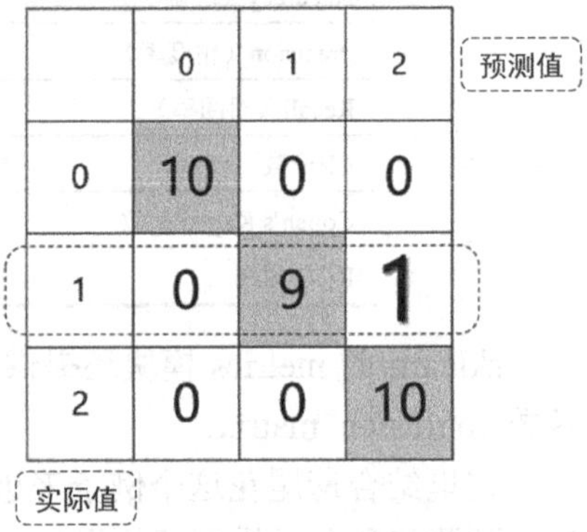

图 14-19 鸢尾花的混淆矩阵

如图 14-19 所示，第 1 列是真实分类，第 1 行是预测分类。10 个类别 "0" 被正确分类为类别 "0"；10 个类别 "1" 中的 9 个被正确分类，还有 1 个被错误分类为类别 "2"，可以对照图 14-17 理解；10 个类别 "2" 被正确分类。

14.2.6 k 折交叉验证

当数据总量较少的时候，采用 train_test_split 函数来划分数据就不合适了。可以尝试把鸢尾花示例中的随机划分参数 random_state 设置为 9，则准确率、精确率、召回率等所有参数均为 1，也就是预测和实际情况完全一致；而当 random_state 设置为 8 时，准确率为 0.90。由此可见，不同的训练集、测试集划分方式，对预测的准确率影响很大。

为了避免因数据集偏差、划分数据集不当而引起模型过拟合，可以使用交叉验证，它和划分训练集、测试集非常相似，但适用于数量上更多的子集。

交叉验证的方法很多，这里只介绍 k 折交叉验证。

如图 14-20 所示，k 折交叉验证的基本步骤如下：

1）将样本打乱，均匀分成 k 份。

2）轮流选择其中的 k-1 份做训练，剩余的一份做验证。

3）把 k 次的评估标准的均值作为选择最优模型结构的依据。

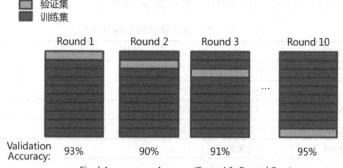

图 14-20　k 折交叉验证

鸢尾花示例的 k 折交叉验证的代码如下：

```
import sklearn.datasets
from sklearn.neighbors import KNeighborsClassifier
from sklearn.model_selection import KFold
from sklearn.model_selection import cross_val_score

dataset = sklearn.datasets.load_iris()
X, y = dataset.data, dataset.target


model = KNeighborsClassifier()          # 模型选择
kfold = KFold(n_splits=5, random_state=3)
results = cross_val_score(model, X, y, cv=kfold, scoring='accuracy')
print("acc: %.3f (%.3f)" % (results.mean(), results.std()))
# acc: 0.913 (0.083)
```

这里采用了 5 折交叉验证（n_splits=5），评价方式为准确率（scoring='accuracy'）。现在修改 random_state 的值，变化很小。

查看 results 的值，是 5 个浮点数组成的一维数组。

```
array([1.        , 1.        , 0.83333333, 0.93333333, 0.8        ])
```

14.3　回归实战：预测波士顿房价

从 19 世纪初高斯提出最小二乘估计算起，回归分析的历史已有 200 多年。回归算法的实现分为学习和预测两个步骤。学习是通过训练样本数据来拟合回归方程；预测是利用学习过程中拟合出的回归方程，将测试数据放入方程中求出预测值。

14.3.1　波士顿房价问题描述

波士顿房价数据集（Boston House Price Dataset）来源于 1978 年美国某经济学杂志上，

收录在 scikit-learn 的 datasets 中。该数据集包含 506 个波士顿房屋的价格及其各项数据，每个数据项包含 14 个数据，分别是房屋均价及周边犯罪率、是否在河边等相关信息，其中最后一个数据是房屋均价（千美元），属性的说明如表 14-7 所示。

表 14-7 波士顿房价数据集属性说明

属性	说明
CRIM	城镇人均犯罪率
ZN	住宅用地超过 25000 ft[20]的比例
INDUS	城镇非零售商用土地的比例
CHAS	查理斯河虚拟变量（如果边界是河流，则为 1，否则为 0）
NOX	一氧化氮浓度
RM	住宅平均房间数
AGE	1940 年之前建成的自用房屋比例
DIS	到波士顿 5 个中心区域的加权距离
RAD	辐射性公路的接近指数
TAX	每 10000 美元的全值财产税率
PTRATIO	城镇师生比例
B	1000（Bk-0.63）^{2}，其中 Bk 指代城镇中黑人的比例
LSTAT	较低收入人口所占比例
MEDV	自住房的平均房价，以千美元计

① 1ft^2=0.0929030m^2

14.3.2 获取内置数据集的基本信息

加载 sklearn 中的内置数据集非常简单，代码如下。

```python
import pandas as pd
import sklearn.datasets


dataset = sklearn.datasets.load_boston()
df = pd.DataFrame(data = dataset.data,columns = dataset.feature_names)
df['Price'] = dataset.target          # 数据集中的 MEDV 列
```

加载后的数据集可以视为一个字典，几乎所有的 sklearn 数据集均可以使用 data、target、feature_names、DESCR 分别获取数据集的数据、标签、特征名称和描述信息。

查看数据集大小的代码如下。

```python
print(dataset.data.shape)             # (506, 13)
print(dataset.target.shape)           # (506,)
```

其中，data 是 numpy.ndarray 类型的矩阵；target 为标签，是 numpy.ndarray 类型的一维向量。

使用 feature_names 可获得数据 data 的属性，如下所示。

```python
print(dataset.feature_names)
# ['CRIM' 'ZN' 'INDUS' 'CHAS' 'NOX' 'RM' 'AGE' 'DIS' 'RAD' 'TAX' 'PTRATIO'
 'B' 'LSTAT']
```

语句 print(dataset.DESCR) 可输出完整的数据集介绍信息，下面截取了部分信息。

```
Boston House Prices dataset
===========================

Notes
------
Data Set Characteristics:
    :Number of Instances: 506
    :Number of Attributes: 13 numeric/categorical predictive
    :Median Value (attribute 14) is usually the target
    :Attribute Information (in order):
    - CRIM      per capita crime rate by town
    - ZN        proportion of residential land zoned for lots over 25,000 sq.ft.
    - INDUS     proportion of non-retail business acres per town
    - CHAS      Charles River dummy variable (= 1 if tract bounds river; 0 otherwise)
    - NOX       nitric oxides concentration (parts per 10 million)
    - RM        average number of rooms per dwelling
    - AGE       proportion of owner-occupied units built prior to 1940
    - DIS       weighted distances to five Boston employment centres
    - RAD       index of accessibility to radial highways
    - TAX       full-value property-tax rate per $10,000
    - PTRATIO   pupil-teacher ratio by town
    - B         1000(Bk - 0.63)^2 where Bk is the proportion of blacks by town
    - LSTAT     % lower status of the population
    - MEDV      Median value of owner-occupied homes in $1000's
```

14.3.3　数据探索

使用 df.info()查看当前的数据信息，这里查看波士顿房价数据集的概要信息，如图 14-21 所示，没有缺失值。

```
<class 'pandas.core.frame.DataFrame'>
RangeIndex: 506 entries, 0 to 505
Data columns (total 14 columns):
CRIM       506 non-null float64
ZN         506 non-null float64
INDUS      506 non-null float64
CHAS       506 non-null float64
NOX        506 non-null float64
RM         506 non-null float64
AGE        506 non-null float64
DIS        506 non-null float64
RAD        506 non-null float64
TAX        506 non-null float64
PTRATIO    506 non-null float64
B          506 non-null float64
LSTAT      506 non-null float64
Price      506 non-null float64
dtypes: float64(14)
memory usage: 55.4 KB
```

图 14-21　波士顿房价数据集的概要信息

使用 df.describe()查看 DataFrame 的描述性信息，如表 14-8 所示。

表 14-8　波士顿房价数据的描述性信息

	CRIM	ZN	INDUS	CHAS	NOX	RM	AGE	DIS	RAD	TAX	PTRATIO	B	LSTAT	Price
count	5.1e+02	506.0	506.0	5.1e+02	506.0	506.0	506.0	506.0	506.0	506.0	506.0	506.0	506.0	506.0
mean	3.6e+00	11.4	11.1	6.9e-02	0.6	6.3	68.6	3.8	9.5	408.2	18.5	356.7	12.7	22.5
std	8.6e+00	23.3	6.9	2.5e-01	0.1	0.7	28.1	2.1	8.7	168.5	2.2	91.3	7.1	9.2
min	6.3e-03	0.0	0.5	0.0e+00	0.4	3.6	2.9	1.1	1.0	187.0	12.6	0.3	1.7	5.0
25%	8.2e-02	0.0	5.2	0.0e+00	0.4	5.9	45.0	2.1	4.0	279.0	17.4	375.4	6.9	17.0
50%	2.6e-01	0.0	9.7	0.0e+00	0.5	6.2	77.5	3.2	5.0	330.0	19.1	391.4	11.4	21.2
75%	3.6e+00	12.5	18.1	0.0e+00	0.6	6.6	94.1	5.2	24.0	666.0	20.2	396.2	17.0	25.0
max	8.9e+01	100.0	27.7	1.0e+00	0.9	8.8	100.0	12.1	24.0	711.0	22.0	396.9	38.0	50.0

各列之间的相关性的代码如下。

```
pd.set_option('precision', 3)
correlations = df.corr(method='pearson')
print(correlations)
```

显示结果如图 14-22 所示。

```
          CRIM      ZN  INDUS    CHAS     NOX      RM     AGE     DIS     RAD     TAX
CRIM     1.000  -0.199  0.404  -0.055   0.418  -0.220   0.351  -0.378   0.622   0.580
ZN      -0.199   1.000 -0.534  -0.043  -0.517   0.312  -0.570   0.664  -0.312  -0.315
INDUS    0.404  -0.534  1.000   0.063   0.764  -0.392   0.645  -0.708   0.595   0.721
CHAS    -0.055  -0.043  0.063   1.000   0.091   0.091   0.087  -0.099  -0.007  -0.036
NOX      0.418  -0.517  0.764   0.091   1.000  -0.302   0.731  -0.769   0.611   0.668
RM      -0.220   0.312 -0.392   0.091  -0.302   1.000  -0.240   0.205  -0.210  -0.292
AGE      0.351  -0.570  0.645   0.087   0.731  -0.240   1.000  -0.748   0.456   0.506
DIS     -0.378   0.664 -0.708  -0.099  -0.769   0.205  -0.748   1.000  -0.495  -0.534
RAD      0.622  -0.312  0.595  -0.007   0.611  -0.210   0.456  -0.495   1.000   0.910
TAX      0.580  -0.315  0.721  -0.036   0.668  -0.292   0.506  -0.534   0.910   1.000
PTRATIO  0.288  -0.392  0.383  -0.122   0.189  -0.356   0.262  -0.232   0.465   0.461
B       -0.377   0.176 -0.357   0.049  -0.380   0.128  -0.274   0.292  -0.444  -0.442
LSTAT    0.452  -0.413  0.604  -0.054   0.591  -0.614   0.602  -0.497   0.489   0.544
Price   -0.386   0.360 -0.484   0.175  -0.427   0.695  -0.377   0.250  -0.382  -0.469

         PTRATIO       B   LSTAT   Price
CRIM       0.288  -0.377   0.452  -0.386
ZN        -0.392   0.176  -0.413   0.360
INDUS      0.383  -0.357   0.604  -0.484
CHAS      -0.122   0.049  -0.054   0.175
NOX        0.189  -0.380   0.591  -0.427
RM        -0.356   0.128  -0.614   0.695
AGE        0.262  -0.274   0.602  -0.377
DIS       -0.232   0.292  -0.497   0.250
RAD        0.465  -0.444   0.489  -0.382
TAX        0.461  -0.442   0.544  -0.469
PTRATIO    1.000  -0.177   0.374  -0.508
B         -0.177   1.000  -0.366   0.333
LSTAT      0.374  -0.366   1.000  -0.738
Price     -0.508   0.333  -0.738   1.000
```

图 14-22　波士顿房价问题的相关性分析结果

查看数据分布图的代码如下。

```
plt.figure(figsize=(60, 16))
df.hist( layout=(2,7) )
plt.tight_layout()
plt.show()
```

显示结果如图 14-23 所示。

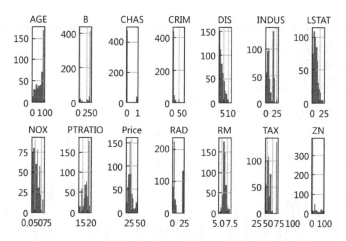

图 14-23　波士顿房价问题各属性的数据分布图

14.3.4　使用线性回归模型预测

sklearn 中提供了很多回归算法，这里选择线性回归估计器来预测。

【代码】

```
from sklearn.linear_model import LinearRegression
from sklearn.datasets import load_boston
from sklearn.model_selection import train_test_split


boston = load_boston()
X, y = boston['data'], boston['target']


X_train,X_test,y_train,y_test = \
        train_test_split(X, y, test_size = 0.2,random_state=125)


model = LinearRegression()
model.fit(X_train,y_train)
print(model)


y_pred = model.predict(X_test)            # 预测训练集结果
print(y_pred[:10])                        # 输出前 10 个结果
```

预测的前 10 个结果为：

[21.13　19.676 22.017 24.62　14.452 23.323 16.647 14.918 33.585 17.483]

预测结果和实际结果的可视化代码如下。

```
import matplotlib.pyplot as plt
from matplotlib import rcParams


#rcParams['font.sans-serif'] = 'SimHei'
fig = plt.figure(figsize=(10,6))                    #设定空白画布，并制定大小


plt.plot(range(y_test.shape[0]),y_test,color="blue", linestyle="-")
```

```
plt.plot(range(y_test.shape[0]),y_pred,color="red", linestyle="-.")
plt.legend(['真实值','预测值'])
plt.show() ##显示图片
```

预测值和真实值的对比如图 14-24 所示。

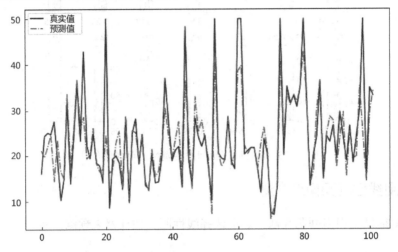

图 14-24　波士顿房价问题的预测值和真实值的对比

14.3.5　回归模型的评价指标

回归模型的性能评估不同于分类模型，虽然都是对照真实值进行评估，但由于回归模型的预测结果和真实值都是连续的，所以不能够求取 Precision、Recall 和 F1 分数等评价指标。回归模型拥有一套独立的评价指标。sklearn 的 metrics 模块提供的回归评价指标如表 14-9 所示。

表 14-9　metrics 模块的回归评价指标

方法名称	最优值	sklearn 函数
平均绝对误差（MAE）	0.0	mean_absolute_error
均方误差（MSE）	0.0	mean_squared_error
中值绝对误差	0.0	median_absolute_error
可解释方差值	1.0	explained_variance_score
R 方值	1.0	r2_score

平均绝对误差、均方误差和中值绝对误差的值越靠近 0，模型性能越好。可解释方差值和 R 方值则越靠近 1，模型性能越好。

均方误差（Mean Squared Error，MSE）是回归任务最常用的一个指标。相比 MAE，MSE 可以放大预测偏差较大的值，比较不同预测模型的稳定性，应用场景相对较多。

应用 sklearn.metrics 来评估回归模型的代码如下。

```
from sklearn.metrics import *

print(mean_absolute_error(y_test,y_pred))          # 平均绝对误差    3.378
print(mean_squared_error(y_test,y_pred))           # 均方误差        31.151
```

```
print(median_absolute_error(y_test,y_pred))        # 中值绝对误差   1.778
print(explained_variance_score(y_test,y_pred))     # 可解释方差值   0.711
print(r2_score(y_test,y_pred))                      # R 方值        0.707
```
说明：这些函数的第 1 个参数是实际值，第 2 个是预测值。

14.4　欠拟合和过拟合

先看图 14-25 中的 3 张图片，这 3 张图片是线性回归模型拟合的函数和训练集的关系。

1）图 a：拟合的函数和训练集误差较大，属于欠拟合；

2）图 b：拟合的函数和训练集误差较小，属于合理拟合；

3）图 c：拟合的函数完美地匹配训练集数据，属于过拟合。

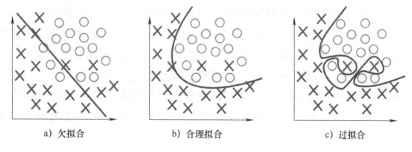

a) 欠拟合　　　　b) 合理拟合　　　　c) 过拟合

图 14-25　欠拟合、合理拟合和过拟合

欠拟合是指模型拟合程度不高，数据距离拟合曲线较远，或指模型没有很好地捕捉到数据特征，不能够很好地拟合数据。欠拟合的模型在训练集和测试集上的表现都不理想。

过拟合是在拟合过程中出现的一种"做过头"的情况，通过对数据样本的观察和抽象，最后归纳得到一个完整的数据映射模型。但是在归纳的过程中，可能会为了迎合所有样本向量点甚至噪声点而使得模型描述过于复杂。过拟合的模型在训练集上的表现完美，在测试集上的表现不佳，也就是失去了泛化能力。没有泛化能力的模型基本没有什么意义。

所有的过拟合模型都有一个共同点，就是模型复杂、参数众多。

造成过拟合的原因比较多，最常见的有以下两种：

1）训练样本太少。对于训练样本过少的情况，通常都会归纳出一个非常不准确的模型。

2）力求"完美"。对所有的训练样本向量点都希望用拟合的模型覆盖，但是实际上的训练样本却有很多是带有噪声的。

对于欠拟合问题，根本的原因是特征维度过少，导致拟合的函数无法满足训练集，误差较大。欠拟合可以通过增加特征维度、提高模型复杂度来解决。

对于过拟合问题，根本的原因则是特征维度过多，导致拟合的函数完美地经过训练集，但是对新数据的预测结果较差。过拟合是机器学习中的主要问题。

14.5　机器学习常用方法简要介绍

机器学习的方法非常多，这里仅对常用的方法做简要介绍。

（1）线性回归

在统计学中，线性回归用于建模标量响应（或因变量）与一个或多个解释变量（或独立变量）之间的关系。具有一个解释变量的情况称为简单线性回归。对于多个解释变量，该过程称为多元线性回归。

线性回归所能够模拟的关系其实远不止线性关系。线性回归中的"线性"指的是系数的线性，而通过对特征的非线性变换以及广义线性模型的推广，输出和特征之间的函数关系可以是高度非线性的。另外，也是更为重要的一点，线性模型的易解释性使得它在物理学、经济学、商学等领域中占据了难以取代的地位。

（2）逻辑回归

逻辑回归（Logistic Regression）有时被认为是目前机器学习的"Hello World"。不要被它的名称所误导，逻辑回归是一种分类算法，而不是回归算法。

逻辑回归是一种预测分析，解释因变量与一个或多个自变量之间的关系。与线性回归的不同之处就是它的目标变量是类别，所以逻辑回归主要用于解决分类问题。逻辑回归是用概率的方式来预测目标属于某一分类的概率值。如果超过 50%，则属于某一分类。此外，它的可解释性强，可控性高，并且训练速度快，特别是经过特征工程之后效果更好。

逻辑回归的出现也比计算机早很长时间，它既简单又通用，至今仍然很有用。面对一个数据集，数据科学家通常会首先尝试使用这个算法，以便初步熟悉手头的分类任务。

（3）朴素贝叶斯

概率建模（Probabilistic Modeling）是统计学原理在数据分析中的应用。它是最早的机器学习形式之一，至今仍在广泛使用。其中最有名的算法之一就是朴素贝叶斯算法。

朴素贝叶斯是一类应用贝叶斯定理的机器学习分类器，它假设输入数据的特征都是独立的。这是一个很强的假设，或者说"朴素的"，其名称正来源于此。

朴素贝叶斯是文本分类的流行（基线）方法，即将文档判断为属于一个类别或另一个类别的问题（如是否为垃圾邮件）。

朴素贝叶斯分类器具有高度可扩展性，在学习问题中需要多个变量（特征/预测器）的线性参数。最大似然的训练可以通过评估来完成闭合形式的表达，这需要线性时间，而不是由迭代逼近作为用于许多其他类型的分类器。

（4）支持向量机

支持向量机（Support Vector Machine，SVM）算法诞生于统计学习界，在机器学习界也大放光彩。通过跟高斯"核"的结合，支持向量机能表达出非常复杂的分类界线，从而达到很好的分类效果。"核"事实上是一种特殊的函数，最典型的特征就是可以将低维的空间映射到高维空间。

SVM 的目标是通过在属于两个不同类别的两组数据点之间找到良好的决策边界来解决分类问题。决策边界可以看作一条直线或一个平面，将训练数据划分为两块空间，分别对应于两个类别。对于新数据点的分类，只需判断它位于决策边界的哪一侧即可。

将数据映射到高维表示可使分类问题简化，这一技巧在实践中通常是难以计算的。此时就需要用到"核"技巧，其基本思想是：要在新的表示空间中找到良好的决策超平面，不需要在新空间中直接计算点的坐标，只需要在新空间中计算点对之间的距离，利用核函数（Kernel Function）能高效地完成。核函数通常是人为选择的，而不是从数据中学到的。

SVM 刚出现时在简单的分类问题上表现出了非常好的性能。当时只有少数机器学习方法得到大量的理论支持，并且适用于严肃的数学分析，因而非常易于理解和解释，SVM 就是其中之一。由于 SVM 具有这些有用的性质，因此很长一段时间里它在实践中非常流行。

但是，SVM 很难扩展到大型数据集，并且在图像分类等感知问题上的效果也不好。SVM 是比较浅层的方法，因此要想将其应用于感知问题，首先需要手动提取出有用的表示（特征工程），这一步骤很难，而且不稳定。

（5）决策树

决策树（Decision Tree）是类似于流程图的结构，可以对输入数据点进行分类或根据给定输入来预测输出值。决策树的可视化和解释都很简单。在 21 世纪前十年，从数据中学习得到的决策树开始引起研究人员的广泛关注。到了 2010 年，决策树与"核"方法相比更受欢迎。

决策树有以下 3 种典型算法。

1）ID3 算法：最早提出的决策树算法，利用信息增益来选择特征。

2）C4.5 算法：ID3 算法的改进版，不是直接使用信息增益，而是引入"信息增益比"指标来作为特征的选择依据。

3）CART（Classification and Regression Tree）：这种算法既可用于分类问题，也可用于回归问题。该算法使用了基尼系数取代了信息熵模型。

（6）随机森林

随机森林（Random Forest）是一种由决策树构成的集成算法，在很多情况下都能有不错的表现。随机森林是由很多决策树构成的，不同决策树之间没有关联。当执行分类任务时，新的输入样本进入，使森林中的每一棵决策树分别进行判断和分类，每棵决策树会得到一个自己的分类结果，决策树的分类结果中哪一个分类最多，就会把这个结果当作最终的结果。

随机森林适用于各种各样的问题。广受欢迎的机器学习竞赛网站 Kaggle 在 2010 年上线后，随机森林迅速成为平台上人们的最爱，直到 2014 年才被梯度提升机所取代。

（7）梯度提升机

机器学习中常用的 GBDT、XGBoost 和 LightGBM 算法（或工具）都是基于梯度提升机（Gradient Boosting Machine，GBM）的算法思想。

与随机森林类似，梯度提升机也是将弱预测模型（通常梯度提升机是决策树）集成的机器学习技术。它使用了梯度提升方法，通过迭代地训练新模型来专门解决之前模型的弱点，从而改进学习模型的效果。

将梯度提升技术应用于决策树时，得到的模型与随机森林具有相似的性质，但在绝大多数情况下，效果都比随机森林好。它可能是目前处理非感知数据最好的算法。梯度提升机是 Kaggle 竞赛中最常用的技术之一。

14.6 小结

- 机器学习是一种新的编程范式，从数据中找到规则。
- 机器学习库 sklearn 的 6 种基本功能是分类、回归、聚类、降维、模型选择和预处理。

- 机器学习通常可分为监督学习、无监督学习、自监督学习和强化学习。
- 数据集可以划分为训练集、验证集、测试集。
- 分类模型的评价指标有准确率、精确率、召回率、F1 分数、ROC 曲线等。
- 回归模型的评价指标有平均绝对误差（MAE）、均方误差（MSE）、中值绝对误差、可解释方差值和 R 方值等。

14.7 习题

一、选择题

1．如果使用数据集的全部特征并且能够达到 100%的准确率，但在测试集上仅能达到 70%左右，这说明_____。

A．欠拟合　　　　　B．模型很棒　　　　　C．过拟合　　　　　D．无法判断

2．点击率预测是一个正负样本不平衡问题（如 99%的没有点击，只有 1%的点击）。假如在这个非平衡的数据集上建立一个模型，得到训练样本的正确率是 99%，则下列说法正确的是_____。

A．模型正确率很高，不需要优化模型了

B．模型正确率并不高，应该建立更好的模型

C．无法对模型做出好坏评价

D．以上说法都不对

3．一般来说，下列_____方法常用来预测连续独立变量。

A．线性回归　　　　　　　　　　B．逻辑回归

C．线性回归和逻辑回归都行　　　D．以上说法都不对

4．假设训练 SVM 后得到一个线性决策边界，你认为该模型欠拟合。在下次迭代训练模型时，应该考虑_____。

A．增加训练数据　　B．减少训练数据　　C．计算更多变量　　D．减少特征

二、操作题

1．分类问题：印第安人（Pima Indians）糖尿病发病情况数据集是从 UCI 免费下载的标准机器学习数据集。数据集的目标是基于某些诊断测量来预测患者是否患有糖尿病。使用 Pandas 读取文件 pima-indians-diabetes.data.csv，然后探索数据，使用 SVM、决策树、随机森林、逻辑回归、kNN 等方法预测患者是否患有糖尿病。把该数据集划分为训练集和测试集，评估各种方法的效果。

2．回归问题：评估葡萄酒的质量。Wine_quality 数据集共有 4898 个观察值、11 个输入特征和一个标签。其中，不同类的观察值数量不等，所有的特征为连续型数据。通过酒的各类化学成分预测该葡萄酒的评分。使用多种机器学习方法预测，把该数据集划分为训练集和测试集，评估各种方法的效果。

第 15 章　深度学习入门

带着以下问题学习本章。

- 推动深度学习快速发展的因素有哪些？
- 机器学习、深度学习和人工智能之间的关系是怎样的？
- 如何利用 Keras 构建多层神经网络？
- 为什么说过拟合是主要问题？
- 什么是损失函数？
- 为何卷积神经网络能很好地处理图像？
- 卷积神经网络的结构是怎么样的？

15.1　初识深度学习

目前人工智能的主要技术是深度学习，是神经网络模型的延伸。深度学习是机器学习的重要分支，在计算机视觉、自然语言处理等典型任务上有着非常好的效果，并且能够很容易地在 GPU 上实现并行计算，所以被单独拿出来当作一个大的学科门类。

15.1.1　深度学习的历史

深度学习最早可以追溯到神经网络模型，在开始的几十年里走了很多弯路，在最近的十年里获得了巨大的成功。深度学习的发展历史如图 15-1 所示。

图 15-1 中的空心圆圈表示深度学习热度上升与下降的关键转折点，黑实心圆的大小表示深度学习在这一年的突破大小。斜向上的直线表示深度学习热度正处于上升期，斜向下的直线表示深度学习热度处于下降期。

1943 年，Mc Culloch 和 Pitts 提出了 MP 神经元的数学模型。

1958 年，Rosenblatt 提出了单层感知器，它能够区分三角形、正方形等基本形状。

1969 年，Minsky 发表感知器专著，认为单层感知器无法解决异或（XOR）问题。

1986 年，Hinton 等人提出第二代神经网络，将原始、单一、固定的特征层替换成多个隐藏层，激活函数采用 sigmoid 函数，利用误差的反向传播算法来训练模型，从而有效地解决了非线性分类问题。

1989 年，Cybenko 和 Hornik 等证明了万能逼近定理：任何函数都可以被三层神经网络以任意精度逼近。同年，LeCun 等人发明了卷积神经网络来识别手写体，当时需要 3 天来训练模型。1991 年，反向传播算法被指出存在梯度消失问题。此后十多年，各种浅层机器学习模型相继被提出，包括 1995 年 Cortes 与 Vapnik 发明的支持向量机，神经网络的研究被搁置。

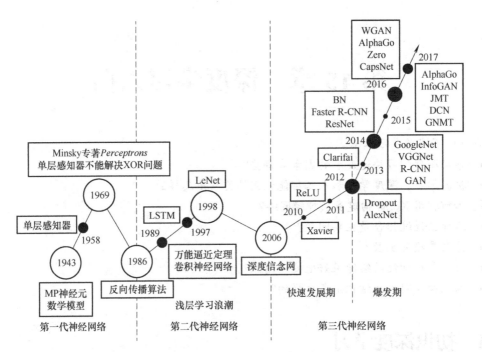

图 15-1　深度学习的发展历史

2006 年，Hinton 等人提出自编码器来降低数据的维度，并提出用预训练的方式快速训练深度信念网，来抑制梯度消失问题。Bengio 等证明预训练的方法还适用于自编码器等无监督学习，Poultney 等人用基于能量的模型来有效学习稀疏表示。它们奠定了深度学习的基础，从此深度学习进入快速发展期。

2011 年，Glorot 等人提出 ReLU 激活函数，能有效抑制梯度消失问题。深度学习在语音识别上最先取得重大突破，微软和谷歌先后采用深度学习将语音识别错误率降低至 20%，取得该领域十年来的最大突破。

2012 年，Hinton 和他的学生将 ImageNet 图片分类问题的 Top5 错误率由 26%降低至 15%，从此深度学习进入爆发期。

2019 年，Hinton、LeCun 和 Bengio 凭借在深度学习领域做出的基础性贡献，获得了 2018 年图灵奖。

15.1.2　推动深度学习的三驾马车：硬件、数据和算法

目前正在展开的技术革命并非始于某个单项突破性发明，它是大量推动因素累积的结果，起初很慢，然后突然爆发。

推动深度学习快速发展的关键因素有：

- 快速、高度并行、相对廉价的计算硬件。
- 大量可用的感知数据，这对于实现在足够多的数据上训练足够大的模型是必要的。它是消费者互联网的兴起与摩尔定律应用于存储介质上的副产物。
- 渐进式的算法创新，2012 年之后，更多的科研力量涌入深度学习领域，加速了创新速度。

- 丰富的软件库，使得人类能够利用这些计算能力。它包括 CUDA 语言、像 TensorFlow 这种能够做自动求微分的框架和 Keras。Keras 的出现降低了深度学习的入门门槛。

未来，深度学习不仅会被专家使用，而且会成为所有开发人员工具箱中的工具，就像当今的 Web 技术一样。人们需要构建智能应用程序，每个产品都需要智能地理解用户生成的数据。

15.1.3　机器学习、深度学习和人工智能

人工智能是计算机科学中涉及研究、设计和应用智能机器的一个分支。它的主要目标包括研究用机器来模仿和执行人脑的某些智能功能，并开发相关理论和技术。关于人工智能的边界目前没有一个定论，但通常认为人工智能是智能机器所执行的与人类智能有关的功能，比如判断、推理、证明、识别、感知、理解、设计、思考、规划、学习和问题求解等思维活动。

关于深度学习、机器学习和人工智能的关系，图 15-2 提供了一个直观的描述。

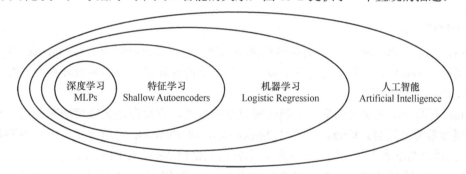

图 15-2　深度学习、机器学习和人工智能的关系

人工智能方法包括机器学习和其他方法，比如专家系统，其在 20 世纪 70 年代是人工智能的主流。但随着人类进入大数据时代，基于归纳的机器学习方法逐渐成了主流。

机器学习包含了特征学习和非特征学习，决策树、逻辑回归等方法是非特征学习，需要筛选并指定特征，然后建立模型。特征学习是指可以自动学习特征并进行筛选，只需输入包含所有特征的数据即可。在特征学习中又包含深度学习和浅度学习，多层的神经网络就是深度学习。

15.1.4　深度学习框架

在深度学习初始阶段，每个深度学习研究者都需要写大量的重复代码。为了提高工作效率，这些研究者就将这些代码写成了一个框架，放到网上让所有研究者一起使用。随着深度学习技术的逐步兴起，世界范围内支持深度学习的框架也如雨后春笋。现在业界使用比较普遍的框架就有 TensorFlow、PyTorch、Keras、Caffe 等 10 余种。

1. TensorFlow

TensorFlow 是一个采用数据流图（Data Flow Graphs）的用于数值计算的开源软件库。

节点（Nodes）在图中表示数学操作，图中的线（Edges）则表示在节点间相互联系的多维数据数组，即张量（Tensor）。它灵活的架构让用户可以在多种平台上展开计算，例如台式计算机中的一个或多个 CPU（或 GPU）、服务器、移动设备等。TensorFlow 最初由谷歌大脑小组的研究员和工程师开发出来，用于机器学习和深度神经网络方面的研究，但该系统的通用性使其也可广泛用于其他计算领域。

2. PyTorch

Torch 是由大量机器学习算法支持的科学计算框架，得益于 Facebook 开源了大量 Torch 的深度学习模块和扩展，得到了广泛应用。Torch 的特点在于特别灵活，但是由于采用了小众的编程语言 Lua，因此增加了使用者学习及使用 Torch 这个框架的成本。

PyTorch 是 Torch7 团队开发的，其与 Torch 的不同之处在于 PyTorch 使用 Python 作为开发语言。

PyTorch 不仅能够实现强大的 GPU 加速，同时还支持动态神经网络，这是 TensorFlow 不支持的。PyTorch 是加入了 GPU 支持的 NumPy 的同时还拥有自动求导功能的深度神经网络。

3. Keras

Keras 是使用 Python 编写的高级神经网络 API，它以 TensorFlow、CNTK 或 Theano 作为后端运行。Keras 允许简单而快速的设计原型，支持卷积神经网络和循环神经网络，能在 CPU 和 GPU 上无缝运行。

Keras 有助于深度学习初学者正确理解复杂的模型，它旨在最大限度地减少用户操作，并使模型非常容易理解。Keras 虽然比 TensorFlow 和 PyTorch 简单得多，但它绝不是"玩具"，不仅适合初学者入门使用，也是经验丰富的数据科学家常用的工具。

2017 年 2 月发布的 TensorFlow 1.0 集成了 Keras。2019 年 10 月发布的 TensorFlow 2.0 让两者的集成程度进一步提高。这意味着如果已经安装了 TensorFlow，就不需要再额外安装 Keras。

4. Caffe

Caffe 由加州大学伯克利分校的贾扬清开发，使用 C++编写，全称是 Convolutional Architecture for Fast Feature Embedding，是一个清晰而高效的开源深度学习框架，目前由伯克利视觉学中心维护。从它的名字就可以看出其对于卷积网络的支持特别好，但是并没有提供 Python 接口。

Cafffe 之所以流行，是因为之前很多 ImageNet 比赛里面使用的网络都是用 Caffe 写的，想使用这些比赛里面的网络模型就只能使用 Caffe，这也就导致了很多人直接转到 Caffe 框架下。

Caffe 的缺点是不够灵活，同时内存占用多，只提供了 C++的接口。目前，Caffe 的升级版本 Caffe2 已经开源，修复了一些问题，同时工程水平得到了进一步提高。

5. 飞桨

飞桨（PaddlePaddle）是百度公司开发的集深度学习核心框架、工具组件和服务平台为一体的开源深度学习平台，同时支持动态图和静态图。飞桨拥有兼顾灵活性和高性能的开发机制、工业级的模型库、超大规模分布式训练技术、高速推理引擎以及系统化的社区服务等五大优势。

其他的深度学习框架还有亚马逊的 MXNet、微软的 CNTK 等。

深度学习框架是帮助使用者进行深度学习的工具，它的出现降低了深度学习入门的门槛。

15.2　神经网络实战：印第安人糖尿病诊断

本节使用了印第安人（Pima Indians）糖尿病发病情况数据集，该数据集是从 UCI 免费下载的标准机器学习数据集。数据集的目标是基于某些诊断测量来预测患者是否患有糖尿病。

15.2.1　任务描述

数据集共有 9 列，其中前 8 列是属性，最后一列是结果。任务要求根据前 8 列数据来预测该患者是否患有糖尿病，1 表示是，0 表示不是。

该数据集的所有属性都是数值，表 15-1 显示了 768 条记录中的前 5 条记录，由于全部是数值数据，因此不需要预处理，可以直接作为神经网络的输入和输出来使用。

表 15-1　糖尿病数据集示例（5 条记录）

序号	1	2	3	4	5	6	7	8	结果
1	6	148	72	35	0	33.6	0.627	50	1
2	1	85	66	29	0	26.6	0.351	31	0
3	8	183	64	0	0	23.3	0.672	32	1
4	1	89	66	23	94	28.1	0.167	21	0
5	0	137	40	35	168	43.1	2.288	33	1

数据集的属性及说明如表 15-2 所示。

表 15-2　糖尿病数据集的属性及说明

列	列名	中文释义
1	Pregnancies	怀孕次数
2	Glucose	2 小时口服试验中的葡萄糖浓度
3	Blood Pressure	血压（mm Hg）
4	Skin Thickness	皮层厚度（mm）
5	Insulin	2 小时血清胰岛素（mu U/ml）
6	BMI	身体质量指数，体重/身高^2（kg/m^2）
7	Diabetes Pedigree Function	糖尿病谱系功能
8	Age	年龄（岁）
9	Outcome	是否是糖尿病

15.2.2　多层神经网络的实现

深度学习是机器学习的重要分支，其处理流程和前面的机器学习并没有不同，只是在模型选择上使用了多层全连接神经网络（Multi-Layer Perceptron，MLP）。本小节展示如何应用

Keras 框架中的序列模型来创建多层全连接神经网络，侧重于流程，15.3 节再介绍神经网络的原理。

下面的代码使用函数 build_model_mlp 创建了全连接神经网络模型。

【代码】

```
import pandas as pd
from keras.models import Sequential
from keras.layers import Dense
from sklearn.model_selection import train_test_split

df = pd.read_csv('../dataset/pima-indians-diabetes.csv')
X, y = df.values[:,0:8], df.values[:,8]


seed = 9
X_train, X_test, y_train, y_test = train_test_split(X, y,
                      test_size=0.2, random_state=seed)

def build_model_mlp():
    model = Sequential()
    model.add(Dense(12, input_dim=8,
                kernel_initializer='uniform', activation='relu'))
    model.add(Dense(8, kernel_initializer='uniform', activation='relu'))
    model.add(Dense(1, kernel_initializer='uniform', activation='sigmoid'))
    model.compile(loss='binary_crossentropy',
                optimizer='adam', metrics=['accuracy'])
    return model

model = build_model_mlp()
model.fit(X_train, y_train, validation_data=(X_test, y_test),
        epochs=100, batch_size=20, verbose=0)
score = model.evaluate(x=X_test, y=y_test)
print(model.metrics_names)    # ['loss', 'acc']
print(score)                  # [0.519574824091676, 0.7532467555690121]
```

使用 Keras 创建神经网络有两个关键步骤：

1）定义层组成的网络（或模型），将输入映射到目标。

2）配置学习过程，也就是选择损失函数 loss、优化器 optimizer 和需要监控的指标 metrics。

训练过程就是调用模型的 fit()方法在训练数据上进行迭代。之后，可以使用模型的 evaluate()方法来评估模型的准确度。该方法将产生每个输入和输出对的预测，并收集分数，包括平均损失 loss 和设置的指标，如准确度 acc。

方法 fit()的 verbose 参数控制输出的详细程度，如果设置为 1（这也是默认值），输出结果如下。

```
Train on 613 samples, validate on 154 samples
Epoch 1/100
613/613 [===] - 0s 525us/step - loss: 0.6880 - acc: 0.6362 - val_loss: 0.6834 -
val_acc: 0.6299
Epoch 2/100
613/613 [===] - 0s 96us/step - loss: 0.6691 - acc: 0.6574 - val_loss: 0.6751 -
val_acc: 0.6299
...
Epoch 98/100
613/613 [===] - 0s 98us/step - loss: 0.5309 - acc: 0.7308 - val_loss: 0.5841 -
val_acc: 0.6948
Epoch 99/100
613/613 [===] - 0s 123us/step - loss: 0.5285 - acc: 0.7357 - val_loss: 0.5841 -
val_acc: 0.7013
Epoch 100/100
613/613 [===] - 0s 116us/step - loss: 0.5331 - acc: 0.7357 - val_loss: 0.5819 -
val_acc: 0.7143
154/154 [===] - 0s 31us/step
```

程序在 613 个样本上训练，在 154 个样本上验证，一共执行了 100 个轮次，每个轮次都输出了在训练集上的损失、精确度，以及在验证集上的损失和精确度。

方法 fit() 返回了 History 对象，该对象有一个成员 history，它类似字典，包含训练过程中的所有数据。

```
history = model.fit(X_train, y_train, validation_data=(X_test, y_test),
                    epochs=100, batch_size=20, verbose=0)
```

如果查看 history.history.keys()，可以看到的输出如下。

```
dict_keys(['val_loss', 'val_acc', 'loss', 'acc'])
```

字典包含了 4 个条目，对应训练和验证过程中监控的指标。

由于 history 记录了每一轮次的结果，可以使用 Matplotlib 在同一张图上显示训练精度和验证精度，代码如下。

```
import matplotlib.pyplot as plt

def draw_acc(hd):
    acc = history.history['acc']
    val_acc = history.history['val_acc']
    epochs = range(1, len(acc) + 1)
    plt.plot(epochs, acc,     label='Training acc')
    plt.plot(epochs, val_acc, label='Validation acc')
    plt.title('Training and validation acc')
    plt.xlabel('Epochs')
    plt.ylabel('Acc')
    plt.legend()
    plt.show()
```

```
draw_acc(history.history)
```

绘制的训练和验证准确率如图 15-3 所示，上面的折线是训练集上的准确率，下面的折线是验证集上的准确率。总体来说，验证准确率低于训练准确率。

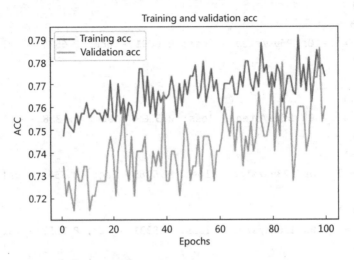

图 15-3 印第安人糖尿病的训练和验证准确率

注意：由于网络的随机初始化不同，得到的结果可能会略有不同。

15.3　神经网络的基本原理

深度学习的前身便是多层全连接神经网络，在神经网络领域，最开始主要模拟人脑神经元系统，但是随后逐渐发展成了一项机器学习技术。多层全连接神经网络是深度学习中各种复杂网络的基础，了解它能够帮助人们更好地学习之后的内容。

15.3.1　神经元：权重、偏差和激活函数

神经元是构成神经网络的基本模块。神经元模型是一个具有加权输入，并且使用激活功能产生输出信号的基础计算单元。输入可以类比为生物神经元的树突，输出可以类比为生物神经元的轴突，计算则可以类比为细胞核。图 15-4 是神经元模型示例，包含了 4 个神经元，图中方框内是一个神经元。每个神经元由 3 个输入和 1 个输出构成。

神经元的参数包括权重、偏差、激活函数，如图 15-5 所示。

当输入进入神经元时，它会乘以一个权重。每个神经元还有一个偏差，偏差是改善学习速度和预防过拟合的有效方法。图 15-5 中，一个神经元有 3 个输入、4 个参数。4 个参数包括 3 个权重参数和 1 个偏差参数。

初始化时，算法随机分配权重，并在模型训练过程中利用反向传播更新这些权重。训练后的神经网络对其输入赋予的较高权重，认为是更为重要的输入，为零的权重则表示特定的特征是微不足道的。

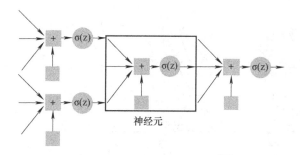

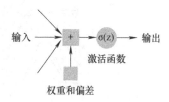

图 15-4 神经元模型示例　　　　　　　图 15-5 神经元的参数

权重通常被初始化为小的随机值，如 0～0.3 范围内的值。较大的权重表示模型的复杂性和脆弱性增加。小随机数初始化权重的值要接近 0，但又不能等于 0，就是将权重初始化为很小的数值，以此来打破对称性。

激活函数是加权输入与神经元输出的简单映射。它被称为激活函数，是因为它控制神经元激活的阈值和输出信号的强度。最简单的激活函数是临界值判定，如果输入总和高于阈值（如 0.5），则神经元将输出值 1，否则将输出值 0。

激活函数的特征如表 15-3 所示。

表 15-3　激活函数的特征

特征	说明
非线性	当激活函数是非线性的，一个两层的神经网络就可以基本逼近所有函数
可微性	当优化方法基于梯度优化时，可微性是必需的
单调性	单层网络能够保证是凸函数
$f(x) \approx x$	满足该性质时，参数初始化为很小的随机值，神经网络的训练会很高效
输出值的范围	当输出值的范围有限时，基于梯度的优化方法会更加稳定

如何选择激活函数呢？传统上使用非线性激活函数。这允许网络以更复杂的方式组合输入，从而可以构建功能更丰富的模型。常用的激活函数如图 15-6 所示。

使用类似逻辑函数的非线性函数称为 sigmoid 函数，它以 s 形分布输出（0, 1）之间的值。

双曲正切函数也称为 tanh 函数，它在（-1, 1）范围内输出相同的分布。

最近，线性整流函数（ReLU）已被证明可以提供更好的结果，相比于 sigmoid 函数和 tanh 函数，ReLU 函数只需要一个阈值就可以得到激活值，而且计算简单。

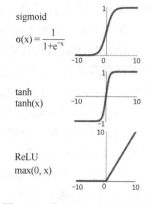

图 15-6 常用的 3 个激活函数

15.3.2 多层神经网络

如图 15-7 所示，神经元被布置成神经网络时，一列神经元称为一层，一个网络可以有很多层。网络中神经元的架构通常被称为网络拓扑。神经网络包括输入层、隐藏层和输出层。

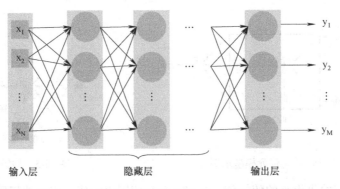

图 15-7　神经网络的构成：输入层、隐藏层和输出层

从数据集中获取输入的层称为输入层，由于它是网络暴露在外的部分，也称为可视层。在数据集中，每个输入维度或列具有一个神经元，输入层的神经元仅是简单地将输入值传递到下一层。

输入层之后的层被称为隐藏层，因为它们不直接暴露在网络外部。深度学习中的神经网络中有很多隐藏层。理论证明，两层神经网络可以无限逼近任意连续函数。

面对复杂的非线性分类任务，两层神经网络可以分类得很好，关键就是从输入层到隐藏层时数据发生了空间变换。在两层神经网络中，隐藏层对原始的数据进行了空间变换，使其可以被线性分类。而且，输出层的决策分界划出了一个线性分类分界线，对其进行分类。

多层神经网络的本质就是复杂函数拟合。两层神经网络通过两层的线性模型模拟了数据内真实的非线性函数。

多层神经网络过去在训练上表现不佳，需要花费大量的时间才能完成。随着 GPU 计算能力的指数式增长和算法的持续优化，当前的训练时间已大幅减少，能支持构建非常深的神经网络。2015 年，前微软研究员何凯明构建的 ResNet 高达 152 层，在大规模视觉识别挑战赛分类任务中获得了第一名。

输出层是生成输出的那一层，输出与任务所需格式相对应的值或向量，也是网络的最终层。

输出层激活函数的选择受建模问题类型的约束。例如，回归问题可能有单个输出神经元，不需要激活函数。分类问题可能具有单个输出神经元，需使用 sigmoid 激活函数输出 0 和 1 之间的值，以表示预测主类别值的概率，可以使用阈值（如0.5）将概率转换为明确的类别。

多分类问题在输出层中可能有多个神经元，每个类别有一个神经元（例如，鸢尾花有 3 个类别，因此使用 3 个神经元）。在这种情况下，可以使用 softmax 激活函数来输出神经网络对每个类值的概率预测，通过选择最大的输出概率，产生清晰的类别分类值。

在设计一个神经网络时，输入层的节点数需要与特征的维度匹配，输出层的节点数要与目标的维度匹配。而中间层的节点数，却是由设计者指定的，"自由"把握在设计者的手中。如何决定中间层的节点数呢？目前业界没有完善的理论来指导这个决策，可根据经验来设置。

15.3.3　损失函数和优化器

在印第安人糖尿病示例代码中，有下面的代码：

```python
model.compile(loss='binary_crossentropy',
```

```
optimizer='adam', metrics=['accuracy'])
```

这行代码涉及两个很关键的参数：损失函数（loss）和优化器（optimizer）。

想要控制一件事物，首先需要能够观察它。想要控制神经网络的输出，就需要能够衡量该输出与预期值之间的距离。这是损失函数的任务，损失函数也称为目标函数。损失函数的输入是网络预测值与真实目标值（即人们希望网络输出的结果），然后通过计算距离来衡量该网络在这个示例上的效果好坏，如图 15-8 所示。

深度学习的基本技巧是利用这个距离值作为反馈信号微调权重值，以降低当前示例对应的损失值。这种调节由优化器来完成，它实现了深度学习的核心算法——反向传播（Back Propagation）算法。

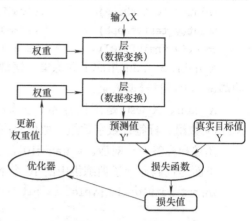

图 15-8　将损失值作为反馈信号来调节权重

定义神经网络时，为节点随机分配权重和偏差值，网络实现了随机变换，输出结果和理想值相去甚远，损失值也很高。收到单次迭代的输出，就可以计算出网络的损失值。将损失值与成本函数的梯度一起反馈给网络来更新网络的权重，以便减少后续迭代中的错误。这种使用成本函数梯度对权重的更新被称为反向传播。在反向传播中，网络的运动是向后的，错误随着梯度从外层通过隐藏层流回，权重被更新。

随着网络处理的示例越来越多，权重值向正确的方向逐步微调，损失值也逐渐降低，这就是训练循环。将这种循环重复足够多的次数（通常对数千个示例进行数十次迭代），得到的权重值可以使损失函数的值最小。这种简单的机制一旦具有足够大的规模，将会产生魔法般的效果。

15.4　实战：识别手写数字

手写数字识别任务使用 MNIST 数据集，它是机器学习领域的一个经典数据集，其产生时间几乎和这个领域的产生时间一样长。这个数据集包含 60000 张训练图像和 10000 张测试图像，由美国国家标准与技术研究院（National Institute of Standards and Technology，NIST）在 20 世纪 80 年代收集得到。人们可以将解决 MNIST 问题看作深度学习的"Hello World"。

15.4.1　任务描述：MNIST 手写数字

MNIST 数据集预先加载在 Keras 库中，其中包括 4 个 NumPy 数组。加载代码如下。

```
import keras
from keras.datasets import mnist

(X_train, y_train), (X_test, y_test) = mnist.load_data()
print(X_train.shape)        # (60000, 28, 28)
```

```
print(y_train.shape)        # (60000,)
print(X_test.shape)         # (10000, 28, 28)
print(y_test.shape)         # (10000,)
print(y_train[:10])         # [5 0 4 1 9 2 1 3 1 4]
```

X_train、y_train 组成了训练集，模型将从这些数据中学习，然后在 X_test、y_test 组成的测试集上测试模型效果。

X_train、X_test 是图像样本，分别有 60000 个和 10000 个，每个样本都被编码为 NumPy 数组。标签是数字数组，取值范围为 0~9。

图像和标签一一对应。y_train[:10]表示训练集的前 10 个标签。

下面的代码显示了训练集中的 10 个数字图像。

```
import matplotlib.pyplot as plt

for i in range(10):
    plt.subplot(2, 5, i+1)
    plt.imshow(X_train[i], cmap=plt.get_cmap('gray_r'))
plt.show()
```

显示的图像如图 15-9 所示。

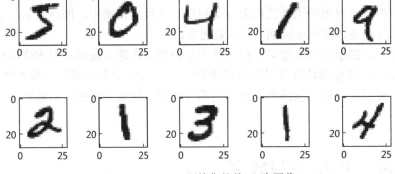

图 15-9   MNIST 训练集的前 10 个图像

15.4.2 多层神经网络的实现

使用多层神经网络来识别手写数字图像的流程可分为数据加载、数据预处理、模型设计、模型训练、模型评估这几个步骤。

【代码】

```
import keras
from keras.datasets import mnist
from keras.models import Sequential
from keras.layers import Dense, Dropout
from keras.optimizers import RMSprop

batch_size = 128
num_classes = 10
```

```
epochs = 20

(X_train, y_train), (X_test, y_test) = mnist.load_data()

X_train = X_train.reshape(60000, 784).astype('float32')/255
X_test  =  X_test.reshape(10000, 784).astype('float32')/255

# convert class vectors to binary class matrices
y_train = keras.utils.to_categorical(y_train, num_classes)
y_test  = keras.utils.to_categorical(y_test,  num_classes)

def build_model():
    model = Sequential()
    model.add(Dense(512, activation='relu', input_shape=(784,)))
    model.add(Dropout(0.2))
    model.add(Dense(512, activation='relu'))
    model.add(Dropout(0.2))
    model.add(Dense(num_classes, activation='softmax'))
    model.summary()
    model.compile(loss='categorical_crossentropy',
            optimizer=RMSprop(), metrics=['accuracy'])
    return model

model = build_model()
history = model.fit(X_train, y_train,
                batch_size=batch_size,
                epochs=epochs, verbose=1,
                validation_data=(X_test, y_test))
score = model.evaluate(X_test, y_test, verbose=0)
print(model.metrics_names)    #  ['loss', 'acc']
print(score)                  #  [0.1106, 0.9838]
```

使用语句 model.summary()可以查看模型的概要，输出如下。

Layer (type)	Output Shape	Param #
dense_1 (Dense)	(None, 512)	401920
dropout_1 (Dropout)	(None, 512)	0
dense_2 (Dense)	(None, 512)	262656
dropout_2 (Dropout)	(None, 512)	0
dense_3 (Dense)	(None, 10)	5130

```
========================================================================
Total params: 669,706
Trainable params: 669,706
Non-trainable params: 0
```

在模型训练（model.fit）过程中，开启输出过程信息（verbose=1）后，得到如下的输出。

```
Train on 60000 samples, validate on 10000 samples
Epoch 1/20
60000/60000 [===] - 4s 72us/step - loss: 0.2469 - acc: 0.9238 - val_loss: 0.1120
- val_acc: 0.9654
Epoch 2/20
60000/60000 [===] - 4s 67us/step - loss: 0.1035 - acc: 0.9689 - val_loss: 0.0943
- val_acc: 0.9702
#省略中间输出
Epoch 18/20
60000/60000 [===] - 4s 73us/step - loss: 0.0194 - acc: 0.9948 - val_loss: 0.1035
- val_acc: 0.9821
Epoch 19/20
60000/60000 [===] - 4s 66us/step - loss: 0.0192 - acc: 0.9950 - val_loss: 0.1115
- val_acc: 0.9829
Epoch 20/20
60000/60000 [===] - 4s 69us/step - loss: 0.0175 - acc: 0.9953 - val_loss: 0.1106
- val_acc: 0.9838
```

绘制训练和验证准确率变化图的代码如下。

```
import matplotlib.pyplot as plt

def draw_acc(hd):
    acc = history.history['acc']
    val_acc = history.history['val_acc']
    epochs = range(1, len(acc) + 1)
    plt.plot(epochs, acc,     label='Training acc')
    plt.plot(epochs, val_acc, label='Validation acc')
    plt.title('Training and validation acc')
    plt.xlabel('Epochs')
    plt.ylabel('Acc')
    plt.legend()
    plt.show()

draw_acc(history.history)
```

绘制的训练和验证准确率如图 15-10 所示，线较长的是训练集上的准确率，线较短的是验证集上的准确率。总体来说，验证准确率低于训练准确率。

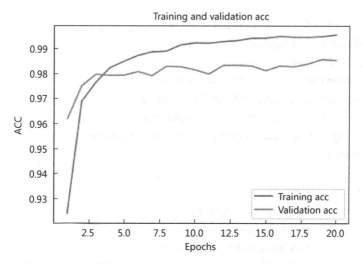

图 15-10　手写数字识别采用多层神经网络的训练和验证准确率

15.4.3　卷积神经网络的实现

图像识别是卷积神经网络（Convolutional Neural Networks，CNN）最常见的应用领域。使用 CNN 实现手写数字识别的关键是设计 CNN。

【代码】

```python
import keras
from keras.datasets import mnist
from keras.models import Sequential
from keras.optimizers import Adadelta
from keras.layers import Dense, Dropout, Flatten
from keras.layers import Conv2D, MaxPooling2D


batch_size = 128
num_classes = 10
epochs = 20


(X_train, y_train), (X_test, y_test) = mnist.load_data()
X_train = X_train.reshape(60000, 28, 28, 1).astype('float32')/255
X_test  = X_test.reshape(10000, 28, 28, 1).astype('float32')/255


y_train = keras.utils.to_categorical(y_train, num_classes)
y_test  = keras.utils.to_categorical(y_test,  num_classes)


def build_model_cnn():
    model = Sequential()
    model.add(Conv2D(32, kernel_size=(3, 3),
                activation='relu', input_shape=(28, 28, 1)))
    model.add(MaxPooling2D(pool_size=(2, 2)))
```

```
    model.add(Conv2D(64, (3, 3), activation='relu'))
    model.add(MaxPooling2D(pool_size=(2, 2)))
    model.add(Flatten())
    model.add(Dense(64, activation='relu'))
    model.add(Dense(10, activation='softmax'))
    model.compile(loss='categorical_crossentropy',
             optimizer=Adadelta(), metrics=['accuracy'])
    return model


model = build_model_cnn()
history = model.fit(X_train, y_train,
                   batch_size=batch_size,
                   epochs=epochs, verbose=1,
                   validation_data=(X_test, y_test))
score = model.evaluate(X_test, y_test, verbose=0)
print(model.metrics_names)    #  ['loss', 'acc']
print(score)                  #  [0.0384, 0.9916]
```

只需获得 history 参数就能绘制训练和验证准确率的变化曲线图，绘制代码和 15.4.2 小节中的相同，不再重复，绘制结果如图 15-11 所示。

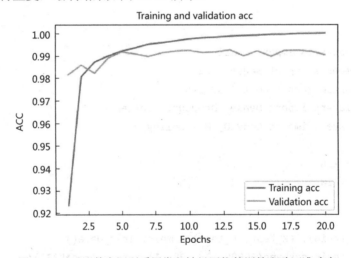

图 15-11　手写数字识别采用卷积神经网络的训练和验证准确率

和多层神经网络相比，除了使用的模型有所不同外，另外一个差别在于输入数据的格式。

多层神经网络输入数据的格式是 2D 张量，第 1 个参数是样本数，第 2 个参数以一维数组表示图像，如下所示。

```
X_train = X_train.reshape(60000, 784).astype('float32')/255
X_test  = X_test.reshape(10000, 784).astype('float32')/255
```

卷积神经网络输入数据的格式是 4D 张量，第 1 个参数是样本数，后面 3 个参数（宽、高、通道数）表示图像，如下所示。

```
X_train = X_train.reshape(60000, 28, 28, 1).astype('float32')/255
X_test  = X_test.reshape(10000, 28, 28, 1).astype('float32')/255
```

15.5　卷积神经网络

卷积神经网络同样是一种前馈神经网络，它的神经元可以响应一部分覆盖范围内的周围单元，对于大规模的模式识别有着非常好的性能表现，尤其是对大规模图形图像处理的效率极高。

卷积神经网络的最主要用途在计算机视觉领域，计算机视觉的核心任务之一就是图像识别。了解卷积网络需要先从图像的特点说起。

15.5.1　图像的 3 个特点

在卷积神经网络流行起来之前，图像处理使用的方法是先提取特征，比如提取图像中的边缘、纹理、线条、边界等特征，再依据这些特征做下一步的处理。这样的处理方式不仅效率特别低，而且准确率也不高。

随着计算机视觉的快速发展，如今在某些图像集上，机器的识别准确率已经超过了人类，这一切都要归功于卷积神经网络。

在介绍卷积神经网络之前，先介绍图像的 3 个特点，正是这些特点使得卷积神经网络能够真正起作用。

1. 局部性

对于一张图片而言，需要检测图片中的特征来决定图片的类别。通常情况下，这些特征都不是由整张图片决定的，而是由一些局部的区域决定的。

如图 15-12 所示的鸟喙，该特征存在于图片的局部。

2. 平移不变性

对于不同的图片，如果它们具有同样的特征，这些特征会出现在图片不同的位置。也就是说，可以用同样的检测模式去检测不同图片的相同特征，只不过这些特征处于图片中不同的位置，但是特征检测所做的操作几乎一样。

如图 15-13 所示，两张图片的鸟喙处于不同的位置，但是可以用相同的检测模式去检测。

图 15-12　图片特征存在于局部　　　　　　　图 15-13　图片特征在不同的位置

3. 下采样不变性

下采样（Subsampling）是对信号的抽取。图像的下采样就是缩小图像，使得图像符合显示区域的大小。对于高分辨率的大图片，如果进行下采样，图片的性质基本保持不变。如图 15-14 所示，经过下采样还是能够看出来是一张鸟的图片。

下采样

图 15-14　下采样

这 3 个特点分别对应卷积神经网络中的 3 种思想。

15.5.2　卷积神经网络的结构

卷积神经网络是二维卷积层（Conv2D）和最大池化层（MaxPooling2D）的堆叠。卷积神经网络接收形状为（高度、宽度、通道）的输入张量，在 build_model_cnn 函数中，设置的(28, 28, 1)是 MNIST 图像的格式。

```
model.add(Conv2D(32, kernel_size=(3, 3),
            activation='relu', input_shape=(28, 28, 1)))
```

使用 model.summary()可以查看卷积神经网络的架构。

```
Layer (type)                  Output Shape              Param #
=================================================================
conv2d_1 (Conv2D)             (None, 26, 26, 32)        320

max_pooling2d_1 (MaxPooling2   (None, 13, 13, 32)        0

conv2d_2 (Conv2D)             (None, 11, 11, 64)        18496

max_pooling2d_2 (MaxPooling2   (None, 5, 5, 64)          0

flatten_1 (Flatten)           (None, 1600)              0

dense_1 (Dense)               (None, 64)                102464

dense_2 (Dense)               (None, 10)                650
=================================================================
Total params: 121,930
Trainable params: 121,930
Non-trainable params: 0
```

上述的卷积神经网络使用图形表示，如图 15-15 所示。

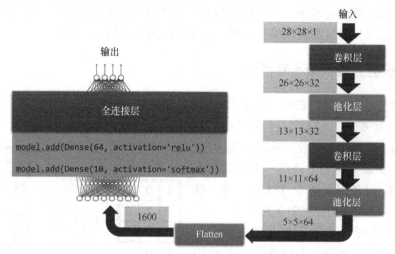

图 15-15 卷积神经网络的结构

每个卷积层和最大池化层的输出都是一个形状为（高度，宽度，通道）的 3D 张量。宽度和高度两个维度的尺寸通常会随着网络加深而变小。通道数量由传入卷积层的第一个参数所控制（32 或 64）。

由于卷积层和最大池化层的输出是 3D 张量，通过展平（Flatten）操作转换为一维向量后，输入到密集连接分类器网络（Dense 层）。由于是 10 个类别的分类，因此最后一层使用带 10 个输出的 softmax 函数激活。

15.5.3 卷积神经网络的两个特征

密集连接层和卷积层的根本区别在于，密集连接层从输入特征空间中学到的是全局模式，而卷积层学到的是局部模式。对于图像来说，学到的是在输入图像的二维小窗口中发现的模式。这个重要特性使卷积神经网络具有以下两个性质。

1）卷积神经网络学到的模式具有平移不变性。卷积神经网络在图像右下角学到某个模式之后，可以在任何地方识别这个模式，比如左上角。对于密集连接网络来说，如果模式出现在新的位置，它只能重新学习这个模式。因为视觉世界从根本上具有平移不变性，这使得卷积神经网络在处理图像时能高效利用数据，使用更少的训练样本就可以学到具有泛化能力的数据表示。

2）卷积神经网络可以学到模式的空间层次结构。第一个卷积层学习较小的局部模式（如边缘），第二个卷积层将学习由第一层特征组成的更大的模式，以此类推。这使得卷积神经网络可以有效地学习越来越复杂、越来越抽象的视觉概念。

对于包含两个空间轴（高度和宽度）和一个深度轴（也叫通道轴）的 3D 张量，其卷积称为特征图。RGB 图像有 3 个颜色通道，即红色、绿色和蓝色，因此深度轴的维度大小等于 3。黑白图像（如手写数字图像）的深度为 1，表示灰度等级。

卷积运算时，从输入特征图中提取图块，并对所有这些图块应用相同的变换，生成输出特征图。输出特征图仍是一个 3D 张量，具有宽度和高度，其深度不再像 RGB 输入那样代表特定颜色，而是代表过滤器，可以任意取值。过滤器对输入数据的某一方面进行编码，比如，单个过滤器可以从更高层次编码这样一个概念：输入中包含一张脸。

15.5.4　卷积层：卷积核和特征图

卷积层执行卷积运算。在图 15-16 中，黑白图像的大小为 6×6，方框的大小为 3×3，方框从左向右每次滑动一个单位，依次得到 4 个 3×3 的矩阵；然后方框向下移动一个单位，再从左向右滑动，又能得到 4 个 3×3 的矩阵；以此类推，总共可以得到 16 个 3×3 的矩阵。

每个 3×3 的矩阵和卷积核（图中的左上角）执行内积操作，得到一个特征值，16 个矩阵和卷积核运算，就得到图 15-16 中右侧的 4×4 的矩阵，称为特征图（Feature Map）。

说明：卷积核的英文为 Filter，也称为滤波器矩阵。

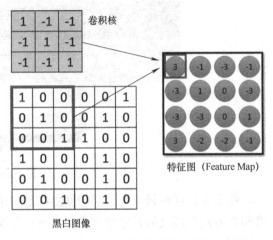

图 15-16　从图像到特征图

内积运算是这样的：3×3 矩阵中的 9 个数依次和卷积核中的 9 个数相乘，得到一个值。在图 15-16 中，第 1 个方框和卷积核的内积运算过程如下。

$$1×1+0×(-1)+0×(-1) + 0×(-1)+1×1+0×(-1) + 0×(-1)+0×(-1)+1×1 = 3$$

6×6 的图像经过一次卷积运算后，得到了 4×4 的矩阵。原来 36 个数字的信息被压缩为 16 个数字，从而完成了特征提取和压缩两个功能。

卷积核中的数值，就是卷积神经网络需要调节的可变参数。二维卷积层 Conv2D 的第 1 个参数就是卷积核的数量。

15.5.5　池化层

对于卷积神经网络的 MNIST 示例，在每个池化层（MaxPooling2D 层）之后，特征图的尺寸都会减半。例如，在第一个 MaxPooling2D 层之前，特征图的尺寸是 26×26，但最大池化运算将其减半为 13×13。这就是池化层的作用：对特征图进行下采样，使用的语句如下。

```
model.add(MaxPooling2D(pool_size=(2, 2)))
```

池化层之所以有效，是因为之前介绍的图片特征具有不变性，也就是通过下采样不会丢失图片拥有的特征。由于这种特性，可以将图片缩小再进行卷积处理，这样就大大降低卷积运算的时间。

常见的池化层处理有两种方式：最大池化和平均池化。

最大池化就是在前面输出的数据上做取最大值的处理，如图 15-17 所示，以步幅为 2 的

2x2 为最大池化过滤器，在 4 个点中取其中的最大值存储为输出。

一般来说，池化层被认为有如下几个功能。

1）进行了一次特征提取，减小了下一层数据的处理量。

2）由于这个特征的提取，获取了更为抽象的信息，提高了泛化能力，防止过拟合。

3）能够对输入的微小变化产生更大的容

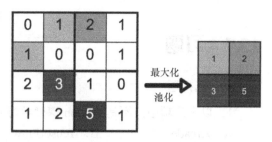

图 15-17　最大池化运算

忍，也就是保持其不变性。这里的容忍包括图形的少量平移、旋转以及缩放等变化。

池化层在 CNN 中不是必需的，一些新的 CNN 在设计的时候并没有使用池化层。

15.5.6　全连接层

卷积层得到的每张特征图都表示输入信号的一种特征，而它的层数越深表示这一特征越抽象。如果说卷积层、池化层等操作是将原始数据映射到隐藏层特征空间的话，全连接层则起到将学到的"分布式特征表示"映射到样本标记空间的作用，也就是起到了"分类器"的作用。

全连接层通常具有非线性激活函数或 softmax 激活函数，预测输出类的概率。

在手写数字识别任务中，对应的代码如下。

```
model.add(Flatten())
model.add(Dense(64, activation='relu'))
model.add(Dense(10, activation='softmax'))
```

卷积神经网络就是由卷积层、池化层、全连接层构成的具有局部感知和权值共享能力的深层神经网络。卷积神经网络最主要的特点就是局部感知和权值共享。局部感知使其每次只需感知较小的区域，降低了参数数量，也提供了特征拟合能力（特征简单，则拟合更容易）。而权值共享，则使一些基本特征可得到重复利用，使参数可以共享，提高了神经网络的训练效果。

15.6　小结

- 深度学习具有悠久的历史，自 2012 年以来取得了爆发式的发展。
- 推动深度学习快速发展的关键因素有快速且高度并行的硬件、大量可用的数据和算法。
- 深度学习框架（TensorFlow 和 PyTorch）的出现提高了开发的效率。
- Keras 适合初学者入门，支持快速地进行实验探索。
- 多层神经网络包括输入层、隐藏层和输出层。
- 图像具有局部性、平移不变性和下采样不变性。
- 卷积神经网络通常包括卷积层、池化层和全连接层。

15.7 习题

一、选择题

1. 以下选项中，不是 Python 深度学习方向的第三方库的是_____。
A．Arcade   B．TensorFlow   C．MXNet   D．Caffe2

2. 以下_____是深度学习中神经网络的激活函数。
A．cos   B．Dropout   C．ReLU   D．sin

3. 关于 TensorFlow 的描述，以下错误的是_____。

A．TensorFlow 是谷歌公司基于 DistBelief 进行研发的第二代人工智能学习系统

B．TensorFlow 是 Python 语言的一套优秀 GUI 图形库

C．Tensor（张量）指 N 维数组，Flow（流）是基于数据流图的计算

D．TensorFlow 描述张量从流图的一端流动到另一端的计算过程

4. 下列_____属于特征学习算法。

A．K 近邻算法   B．随机森林   C．神经网络   D．都不

5. 深度学习中，以下_____方法不可以降低模型过拟合。

A．增加更多的样本   B．Dropout

C．增大模型复杂度，提高在训练集上的效果   D．增加参数惩罚

6. 假设有一个使用 ReLU 激活函数的神经网络，假如把 ReLU 激活替换为线性激活，那么这个神经网络能够模拟出同或函数吗？_____。

A．可以   B．不好说   C．不一定   D．不能

7. 在某神经网络的隐藏层输出中包含 1.5，那么该神经网络采用的激活函数可能是_____。

A．sigmoid   B．tanh   C．ReLU   D．cos

8. 深度学习中，以下_____方法不能解决过拟合的问题。

A．提前停止训练   B．数据增强

C．参数正则化   D．减小学习率

9. 下列的_____方法可以用来降低深度学习模型的过拟合问题。

①增加更多的数据；②使用数据扩增技术；③使用归纳性更好的架构；④正规化数据；⑤降低架构的复杂度。

A．①④⑤   B．①②③

C．①③④⑤   D．①②③④⑤

10. 关于 CNN，以下说法错误的是_____。

A．CNN 可用于解决图像的分类及回归问题

B．CNN 最初是由 Hinton 教授提出的

C．CNN 是一种判别模型

D．第一个经典 CNN 模型是 LeNet

11. 深度学习中的卷积神经网络属于机器学习中的_____模型。

A．深度监督学习   B．深度无监督学习

C．深度半监督学习   D．深度强化学习

12．假设用户的输入是一个 300×300 的彩色（RGB）图像，没有使用卷积神经网络。如果第一个隐藏层有 100 个神经元，每个神经元与输入层进行全连接，那么这个隐藏层有_____个参数（包括偏置参数）。

A．9000001   B．9000100   C．27000001   D．27000100

二、简答题

1．什么样的数据集不适合用深度学习？

2．为什么引入非线性激活函数？

3．激活函数有哪些特征？

4．卷积神经网络的结构是怎么样的？

参 考 文 献

[1] LUTZ M. Python 学习手册[M]. 北京：机械工业出版社，2011.

[2] MCKINNEY W. 利用 Python 进行数据分析[M]. 北京：机械工业出版社，2017.

[3] HILPISCH Y. Python 金融大数据分析[M]. 北京：人民邮电出版社，2015.

[4] 裘宗燕. 从问题到程序：用 Python 学编程和计算[M]. 北京：机械工业出版社，2017.

[5] CHOLLE T. Python 深度学习[M]. 北京：人民邮电出版社，2018.

[6] 周志华. 机器学习[M]. 北京：清华大学出版社，2016.

[7] 任柳江. 全栈数据之门[M]. 北京：电子工业出版社，2017.

[8] 阿布. 量化交易之路：用 Python 做股票量化分析[M]. 北京：机械工业出版社，2018.

[9] 嵩天，礼欣，黄天羽. Python 语言程序设计基础[M]. 2 版. 北京：高等教育出版社，2017.

[10] 崔庆才. Python 3 网络爬虫开发实战[M]. 北京：人民邮电出版社，2018.